김오곤 원장이 추천하는

올 컬러

동의보감
민간요법
백과사전

동의보감약초사랑

한국학 자료원 출판부

올컬러
동의보감 민간요법 백과사전

초판 1쇄 인쇄 - 2019년 7월 02일
지은이 - 동의보감 약초사랑
발행인 - 윤영수
발행처 - 한국책 자료원
출판등록 - 제312-1999-074호
서울시 구로구 개봉본동 170-30
02)3159-8050
특판부 02)3159=8051
graphity@naver.com

ISBN 979-11-90145-10-7 (13520)

올컬러

동의보감
민간요법
백과사전

한국학 자료원 출판부

머리말

 이 책에는 동의보감에서 나오는 약초약재들을 위주로 주로 산과
들에서 저절로 나고 자라는 야생풀과 나무, 그리고 약재가 될 만
한 것들을 수록해 놓았다. 식물이나 동물, 광물 등에서 약재나 약
초로서 인식된 것은 주위환경에 적응하려는 능력에 의해서 시행
착오의 여러 경험을 통해 독이 있는 것과 독이 없는 것들의 성능
을 알게 되고, 식용할 수 있는것과 없는 것의 여부와 약물로서의
효능과 작용을 수천 년 전부터 알게 되어 전해 내려온 것들이다.
 이와 같이 많은 사람이 직접 먹어보거나 맛을 보아 물질에 대한
특수작용을 알게 되고, 발생한 질병의 시기나 절기, 기후에 대해
서 경험적인 근거를 이용하였으며, 앞에서 말한 것처럼 인간의
자연에의 적응과정에서 여러 시행착오를 통한 경험의 집적에서
유래된 물질들을 질병의 치료에 사용하였다.
 이러한 것을 직접 치료에 사용해 봄으로써 여러 경험을 통한 실
증을 얻게 되었다. 이로 인하여 어떠한 물질을 가지고 질병을 치

료할 수 있는 약물로 삼게 된 것이며, 이렇게 함으로써 인류가 의약에 대한 지식을 알게 되었고, 또 생활 속에서 실천하는 동안이나, 같은 질병을 여러 차례 치료하는 동안 부단한 창조와 풍부한 경험을 쌓아서 전해져 내려온 것이다.

 대부분의 약초약재는 실용성에 근거를 두고 보기 편하고 이해하기 쉽도록 간단하게 편집해 놓았다. 왜냐하면 약초약재의 내용과 실용성을 독자에게 전달한다는 것이 목적이기 때문이다. 컬러그림도 추가시켰다.

 끝으로 필자의 지식으론 한계가 따르기 때문에 다소 누락된 부분이 있을 수도 있다. 또한 약재의 입증과 그림은 알고 있는 분들의 가진 지식의 특성에 따라 다르게 풀이될 수 있기 때문에 독자 제위께서 혹여 잘못된 내용을 발견하면 서슴없이 질타하고 고쳐주기를 감히 부탁드린다.

차 례

● 증상을 치료하는 동의보감 민간요법

● 전신질환 신경계통 질환 질병

● 암계통의 질환의 질병

● 어린이질환의 질병

● 산부인과질환의 질병

자신의 몸 건강을 판단하는
자가진단 10가지 방법

얼굴을 이용하는 자가 진단법

자신의 건강을 위해서 날마다 거울을 보고 관찰하는 습관이 중요하다. 이때 얼굴색뿐만 아니라 얼굴 모양도 살펴봐야 한다. 빈혈이나 영양실조는 얼굴로 판단할 수가 있는데, 이럴 경우에는 식사를 재검토하면 해결할 수가 있다.

● 얼굴이 붉어질 경우
고혈압이나 심장병일 가능성이 높다.
● 얼굴이 창백해질 경우
지속적으로 이어지면 중증의 빈혈일 가능성이 높다.
● 얼굴 일부분이 붉어질 경우
코에서 양 뺨에 걸쳐 나비모양이면 전신성 엘리테마트데스일 가능성이 높다.
● 얼굴전체가 노란빛을 띨 경우
황달일 가능성이 높다. 또한 눈 흰자까지 노란색일 때도 마찬가지이다.

● 입술이 보랏빛을 띨 경우
심장병이나 폐질환이거나, 빈혈일 가능성이 높다.
● 얼굴에 부기가 있을 경우
급성 신염, 네프로제 증후군 등의 신장질환과 갑상선 기능 저하증일 가능성이 높다.
● 얼굴에 기미가 나타날 경우
간장 질환이나 원발성 만성 부신피질기능 저하증(아디슨병)일 가능성이 높다.
● 얼굴이 변형이 나타날 경우
얼굴 모양은 이비인후과 질병이나 구강질환으로도 달라질 수가 있다. 귀 아래가 부었다면 유행성 이하선염일 가능성이 높다.

몸의 피로도로 판단하는 자가 진단법

휴식 후에도 피로가 회복되지 않는 것은 영양의 밸런스를 어긋나기 때문으로 식단을 조절할 필요가 있다.

다음은 피로도 진단 테스트로 항목에 1점씩을 가산하면서 계산하면 된다.
● 아침에 일어날 때 눈뜨기가 어렵다.
● 아침식사를 먹지 않을 때가 많다.
● 통근버스나 지하철 안에서 쏟아지는 졸음으로 독서할 수가 없다.
● 점심식사 시간을 기다리기가 몹시 지루하다.
● 건널목을 달려서 건너면 숨이 몹시 찬다.
● 지하철을 기다릴 때 의자에 앉는 경우가 많아졌다.
● 주말에 출근할 때 몹시 힘들다.
● 식사량이나 활동량은 항상 같지만 살이 빠진다.
● 휴일이나 쉬는 날에는 하루 종일 누워서 뒹군다.
● 성욕감퇴를 매우 민감하게 생각한다.

점수별 피로진단
2가지 해당 : 스태미나가 충분하지만 방심하면 도로 아미타불이다. 이럴 경우엔 한 가지만 집중하면서 자중해야 한다.
3~6가지 해당 : 정력 감퇴에 대한 스트레스를 받는데, 이때는 충분한 휴식과 식단을 바꿔야한다.
7~10가지 해당 : 조금 남아있는 스태미나까지 완전히 소모되기 직전의 상황이다.

체중을 이용하는 자가 진단법

  현대인들에게 비만은 모든 성인병의 원인이기 때문에 체중이 너무 적거나, 너무 많아도 문제가 된다. 그래서 건강을 유지하기 위해서는 가장 먼저 체중조절부터 해야 한다.

체격지수(BMI) 계산법
신장과 체중으로 체격지수(BMI=Body Mass Index)를 산출해 비만을 판정하는 방법으로 통상적으로 사용되는 공식이다.

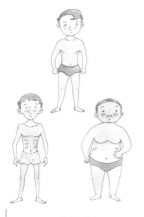

체중(kg) ÷ (신장cm × 신장cm)

■ 비만판정의 종류
비만을 판정할 때는 표준체중, 체격지수, 체지방 등으로 측정한다.

표준체중으로 산출하는 방법
브로커 변법
(신장cm − 100) × 0.9 = 표준체중kg
[(체중kg − 표준체중kg) ÷ 표준체중kg] × 100 = 비만도(%)
판단기준은 +20%이상이면 비만, +10~20%이면 과체중, ±10%이내면 정상, −10~20%는 체중감소, −20%는 마른체중이다.

체격지수로 산출하는 방법
유아 카우프 지수
[체중kg ÷ (신장cm × 신장cm)] × 10
● 20이상이면 비만

아동로렐 지수
[(체중kg × 10⁷) ÷ (신장cm × 신장cm)
● 160이상이면 비만

3) 성인BM

[체중kg ÷ (신장cm × 신장cm)]

● 26.4이상이면 비만, 20미만이면 마른 편, 20이상~24미만이면 정상, 24이상~26.4미만이면 과체중이다

체형을 이용한 자가 진단법

식사개선과 꾸준한 운동을 한다면 성인병 발병률이 높은 사과모양체격에서 탈출할 수 있다.

허리치수 ÷ 히프치수 = 0.8

● 0.8이상이면 사과모양, 0.8이하면 배모양 체중이 된다.

이것은 필요 없는 지방이 신체의 어떤 부분에 쌓여있느냐에 따라 사과모양과 배 모양의 비만으로 나눠지는 것이다.

피하지방으로 산출하는 방법

위팔 뒤쪽 가운데와 견갑골 아래쪽 2군데의 피하지방 두께를 더한 치수로 산출하는 방법이다.

위팔 +견갑골 = 비만

● 남성은 35㎜이상, 여성은 45㎜이상이면 비만이다.

사과형비만은 위험!

성인병의 원인인 비만은 단순히 표준체중보다 체중이 많다는 것이 아니다. 다시 말해 비만이란 체지방의 과잉 축적을 말한다. 이런 체지방이 인체 어떤 부위에 쌓여있는 것이냐에 따라 문제가 되는 것이다. 예를 들어 지방이 복부에 쌓이는 체형은 사과모양(내장비만형)의 비만이 되고, 엉덩이나 허벅지에 쌓이면 배 모양(피하지방형)의 비만이 된다. 이 가운데 내장비만형은 지질대사나 당질대사에 심각한 영향을 미쳐 다양한 성인병을 유발시킨다. 이런 경우는 중년 이상의 남성들에게 흔하다. 따라서 식사개선과 함께 꾸준한 전신운동이 필요하다.

소변으로 판단하는 자가 진단법

소변으로 당뇨나 다른 질병을 진단하거나 식사나 운동 상태 등을 확인할 수가 있다.

● 배뇨할 때 통증이 나타날 경우
이럴 때는 요도염일 가능성이 높다.
● 배뇨할 때 시간이 오래 걸릴 경우

이럴 때는 전립선 비대일 가능성이 높다.
● 배뇨할 때 혈뇨가 나오는 경우
이럴 때는 요로결석, 전립선비대, 신장염 등일 가능성이 높다.
● 배뇨할 때 소변이 탁할 경우
이럴 때는 요도염, 방광염일 가능성이 높다.
● 배뇨할 때 오줌에서 새콤한 냄새가 날 경우
이럴 때는 당뇨병일 가능성이 높다.
● 배뇨할 때 소변의 양이 적을 경우
이럴 때는 신장병, 심부전, 간장병일 가능성이 높다.
● 배뇨할 때 소변의 양이 많을 경우
이럴 때는 당뇨병, 만성 신염일 가능성이 높다.

● 소변을 보는 횟수가 잦을 경우
이럴 때는 방광염, 요로결석일 가능성이 높다.
● 배뇨할 때 소변이 잘 나오지 않을 경우
이럴 때는 배뇨장애일 가능성이 높다.

1일 1000㎖를 배뇨하자

소변은 몸속의 노폐물을 인체 밖으로 배출하고 있기 때문에 매일 어느 정도를 배출해야만 한다. 예를 들어 성인이 하루 550㎖ 이하일 때는 핍뇨, 50㎖ 이하일 때는 무뇨라고 한다. 건강한 성인은 하루에 800~1500㎖의 소변을 배출한다. 소변의 양이 적은 것을 질병의 원인도 있지만 수분섭취량이 적은 것이 대부분이다. 따라서 건강하기 위해서는 수분을 많이 섭취하는 것이 바람직하다.

최근 들어 젊은 사람들도 비타민 A 부족으로 야맹증에 시달리는 경우가 많아졌다.

● 안구결막일 경우
노란색이면 황달일 가능성이 높다.
● 결막(안건결막)일 경우
흰색이면 빈혈일 가능성이 높다.
● 안검황색종이 나타날 경우
눈꺼풀일부가 노란색 기미가 있으면 혈청 콜레스테롤이 높을 가능성이 높다.
● 각막륜일 경우
젊은 나이에도 불구하고 흰줄이 있으면 동맥경화일 가능성이 높다.
● 결막출혈일 경우
충혈로 붉은 색이면 결막염일 가능성이 높다.

눈으로 간단하게 진단하는 방법은 윙크이다.
먼저 왼쪽 눈을 감고 오른쪽 눈으로 보고 이상이 없으면 반대로 해본다. 이런 방법으로 발견하지 못했던 가벼운 시각 이상을 찾을 수가 있다. 만약 전체적으로 잘 보이지 않거나, 물체가 이중으로 보이거나, 밝아도 잘 보이지 않거나, 뿌옇게 보이거나 하면 백내장, 녹내장, 당뇨병 등을 의심해볼 필요가 있다. 반드시 알아야 할 것은 눈의 가벼운 이상이라도 치료하지 않으면 실명할 수 있다. 이럴 경우에는 전문의에게 진단을 받는 것이 좋다.

손톱으로 판단하는 자가 진단법

손톱이 약해져 잘 부러지거나 휘어지고 가운데가 팬 증상이 나타나면 식단을 확인할 필요가 있다.

● 손톱이 길게 길이로 갈라지거나 벗겨질 경우
매니큐어 때문일 수도 있지만 세제나 맨손으로 흙을 만졌을 가능성이 높다.

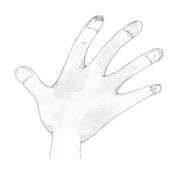

● 손톱이 두꺼워지면서 탁해질 경우
이럴 경우는 대부분이 진균증일 가능성이 높다.

● 발톱이 살 속으로 파고 들어갈 경우
이럴 경우는 발에 끼는 신발을 신었을 때이다.

● 손톱이 굴곡이 되거나 스푼모양으로 휠 경우
이럴 경우는 손톱주변에 염증이 생겼을 가능성이 높다.

● 손톱이 커질 경우
이럴 경우는 만성 폐질환이나 심각한 심장병일 가능성이 높다.

● 손톱의 색깔이 변할 경우
이럴 경우는 채식으로 인해 단백질이 부족하기 때문이다.

● 손톱의 색깔이 탁해지거나 검어지거나 두꺼워질 경우
이럴 경우는 진균증일 가능성이 높다.

● 손톱이 하얗게 변할 경우
이럴 경우는 진균증일 가능성이 높다.

● 손톱이 노랗게 변할 경우
임파부종일 가능성도이 높다.

● 손톱이 녹색으로 변할 경우
녹균감염증일 가능성이 높고, 심각한 전신질환을 동반할 수가 있어 전문의를 찾아야 한다.

입과 혀로 판단하는 자가 진단법

과거와 달리 아연부족으로 미각장애를 호소하는 사람들이 늘어나고 있다. 다시 말해 미각이 변했다는 약간의 증세가 있으면 먼저 식생활을 확인하는 것이 좋다.

● 목 안이 건조할 경우
특별한 원인이 없는데도 불구하고 지속적으로 목이 마르면서 소변의 양이 늘어난다면 당뇨증이나 당뇨를 의심해봐야 한다.

● 혀 둘레에 흰 반점이 생길 경우
통증이 없고 혀 둘레에 흰 반점이 생기면 아프타성 구내염이나 교원병을 의심해봐야 한다.

● 잇몸에 출혈이 있을 경우
이럴 경우에는 치주염을 의심해봐야 한다.

● 구강(입안)이 자주 헐 경우
이럴 경우에는 구내염 등을 의심해봐야 한다.

● 입에서 악취가 날 경우
이럴 경우에는 충치나 치조농루를 의심해봐야 한다.

● 입술 색이 건강한 붉은 색이 아닐 경우
이럴 경우에는 심장병이나 폐질환을 의심해봐야 한다.

● 입술이 촉촉하지 않고 거칠 경우
이럴 경우에는 비타민 부족이나 위장장애를 의심해봐야 한다.

● 맛을 전혀 느낄 수가 없을 경우
이럴 경우에는 미각장애를 의심해봐야 한다.

편식이 미각장애의 원인이다.
미각장애의 원인은 신경이나 뇌 장애를 비롯해 노화와 편식에 의해 나타나는 경우가 많다. 예를 들면 가공식품, 인스턴트식품을 많이 섭취하거나 편식이 심하면 아연이 부족해진다. 아연의 결핍은 혀 점막 세포의 성장을 더디게 해 맛을 느끼지 못하게 된다. 미각장애의 증상을 판단하기 위해서는 설탕, 식염, 쓴맛, 신맛 등을 혀로 직접 맛을 보면 알 수가 있다. 이때 주어진 맛을 판단하지 못하면 미각장애인 것이다. 이런 증상이 감지되면 속히 병원을 찾아야 한다.

피부색깔로 판단하는 자가 진단법

  자가 치료로 피부트러블을 해소할 수 없을 때는 식단을 재검토할 필요가 있다.

● 피부에 발진이 나타날 경우
이럴 때는 여러 가지 원인이 일을 수가 있기 때문에 피부과 전문의를 찾는 것이 중요하다.
● 피부에 난 점의 색깔이 진해졌을 경우
이럴 때는 햇빛에 많이 노출되기 때문이다.

● 피부에 난 점이 커지거나 주변이 붉어지거나 윤기가 날 경우
이럴 때는 피부암 같이 중대한 질병이 있을 수도 있기 때문에 주의가 필요하다.
● 발가락이 가려울 경우
무좀일 가능성이 매우 높다.
● 갑자기 온몸에 땀이 많이 날 경우
이럴 때는 신체의 어딘가에 이상이 있을 수가 있다. 예를 들면 심장병, 갱년기 장애, 갑상선 이상 등이다.
● 가려움증이 나타날 경우
부분적인 가려움은 접촉성 피부염일 수가 있고, 전신이 가려우면 당뇨병, 간장병 등의 병일 가능성이 높다.

비듬은 머리습진이다

비듬이 많다는 것은 신진대사가 원활하기 때문에 생기는 것으로 그만큼 젊다는 것을 말해준다. 하지만 비듬이 너무 많으면 두피에 이상이 있는 것이다. 다시 말해 머리 부분에 습진이 생긴 것이다. 원인은 샴푸나 린스를 많이 사용하면서 헹굼 부족, 체질과민 등으로 나타나는 것이다.

대변으로 판단하는 자가 진단법

배변으로 영양 상태를 알아보기 위해서는 배변횟수나 내용을 확인하면 된다.

● 배변 전후에 피가 섞여 나올 경우
이럴 때는 치질일 가능성이 높지만, 변 전체에 섞여 있으면 궤양성 대장염, 대장게실증 등을 의심해봐야 한다.

● 변비에 방귀가 잘 나오지 않고 배가 댕길 경우
이럴 때는 장폐색일 가능성이 높다.

● 배변 시 항문에 통증이 있을 경우
이럴 때는 치핵일 가능성이 매우 높다.

● 변 색깔이 검은색일 경우
이럴 경우 위장이나 십이지장의 출혈일 가능성이 높다.

● 변이 시원하게 나오지 않고 남아있거나 굵기가 가늘어졌을 경우
이럴 증상이 지속되면 대장암이나 직장암일 가능성이 높다.

● 설사가 계속될 경우
급성일 때는 간단한 감염이지만, 과식이나 만성일 때는 위장질병일 가능성이 높다.

배변횟수나 양을 확인하자
보편적으로 배변횟수와 양이 적고 나흘 이상 배병이 없을 경우를 변비라고 한다. 식이섬유를 많이 섭취해 아침식후 배변을 습관화하면 하루 종이 컨디션이 좋아진다. 변비가 있으면 배변횟수와 양, 증상이 나타난 시기와 지속성, 체중감소 등을 기록해 전문의에게 보여줘야 적확하게 진단할 수가 있다.

증상을 치료하는
동의보감 민간요법

두통이 심할 때

Dr's advice

두통의 부위는 머리 전체에서부터 시간이나 부위별로 각기 다르게 나타난다. 예를 들면 고혈압일 때는 아침이나 밤에 뒷머리가 뻐근하게 아프고 뇌종양일 때는 오전이나 머리를 흔들거나 갑자기 들 때 통증이 나타난다. 편두통은 아침에 한쪽 부위에 통증이 나타나는데, 몸을 움직이거나 자리에 누울 때 심하고 가만히 앉아 있으면 통증이 줄어든다. 이밖에 술, 담배, 만성 신장염, 변비, 만성 위염 등일 때도 앞이마가 둔하게 아프고 신경쇠약일 때는 머리가 무겁고 울리면서 아프다.

【효과가 있는 약초약재藥草藥材】

● 천궁

어지럽고 두통이 있을 때 천궁 12g을 쌀뜨물에 담가 말린 것을 가루로 만들어 꿀 8㎖을 섞어 1회 4g씩 1일 5번 나눠 끼니 전에 복용한다.

● 백지

두통이 있을 때 백지 12g을 물 200㎖로 달여 1일 3번 나눠 끼니 뒤에 복용하거나, 백지 12g과 천궁 6g을 달여 1일 3번 나눠 끼니 뒤에 복용한다.

● 감국(단국화)

감기두통일 때 말린 감국 15g을 물 200㎖로 달여 1일 3번씩 끼니사이에

나눠 복용하거나, 감국으로 만든 가루 6g을 1회 3g씩 1일 2번씩 끼니사이에 나눠 복용한다.

● 창이자(도꼬마리열매)
감기, 콧병으로 생기는 두통일 때 창이자 12g을 물 200㎖로 달여 1일 3번 나눠 끼니사이에 복용한다.

● 저모채(솔장다리)
고혈압 두통일 때 저모채 20g을 물 200㎖에 달여 1일 3번 나눠 복용한다.

● 천궁, 천마
어지럽고 두통이 왔을 때 천궁, 천마를 각 6g으로 만든 가루를 환약으로 제조해 1회 2g씩 1일 3번 나눠 끼니 뒤에 복용한다.

● 만형자(순비기나무열매)
감기로 나타나는 두통엔 순비기나무 열매 12g을 물 200㎖로 달여 1일 3번 나눠 복용하거나, 만형자 12g을 가루로 만들어 1회에 4g씩 1일 3번 나눠 복용하면 좋다.

● 고본
뒷머리가 뻐근할 때 고본 7g을 물 200㎖로 달여 1일 3번 나눠 끼니 뒤에 복용하면 된다.

● 독활
감기로 열이 나고 도통이 왔을 때 독활 10g과 세신 3g을 물 200㎖으로 달여 1일 3번 나눠 복용하면 좋다.

배의 통증이 있을 때

Dr's advice

뱃속 장기들의 생리적 기능이 비정상적일 때 나타나는 현상으로 장기나 조직을 중심으로 통증이 발발한다. 특히 쥐어짜는 듯 한 강한 통증에서 살살 아파오는 통증 등 다양하다. 배의 통증이 오래가면 갈수록 좋지 않다.

윗배의 통증에는 위염, 위 십이지장궤양, 간염, 담낭염, 담석증, 췌장염, 기생충증 등을 의심해봐야 되고 배꼽주위의 통증에는 만성소대장염, 결핵성복막염 등을 의심해봐야 한다.

아랫배의 통증은 적리, 설사, 방광염, 자궁외임신 등을 의심해야 하고, 오른쪽 아랫배 통증은 충수염, 자궁부속기염, 월경불순 등을 의심해봐야 한다.

【효과가 있는 약초약재藥草藥材】

● 목향

체기로 헛배가 부르고 통증이 있을 때 목향 9g을 가루로 만들어 1회 3g씩 1일 3번 나눠 끼니 뒤에 복용하면 효과가 있다.

● 회향

위장이나 배에 통증이 있거나 담석증으로 배가 아플 때 회향열매 9g을 만든 가루를 1회 3g씩 따끈한 소금물에 풀어 1일 3번 나눠 복용하면 효과가 있다.

● 까치콩
 더위를 먹어 토하거나 설사가 있을 때나 급성위염, 식중독 등으로 배가 아플 때 까치콩잎과 줄기 30g을 물에 달여 1일 3번 나눠 복용하면 효과가 있다.

● 작약
 위경련으로 배 통증이 있을 때 작약 12g을 만든 가루를 1회에 4g씩 1일 3번 나눠 복용하거나 작약 20g을 물 300㎖으로 달여 1일 3번 나눠 복용하면 효과가 있다.

● 풍로초(쥐손이풀)
 위와 장이 좋지 않아 항상 배가 아플 때 잘게 썬 풍로초 20g을 물 1ℓ 에 넣고 약한 불에 달여 복용하면 효과가 있다.

● 집작약, 감초

위경련과 담석증 등으로 나타나는 발작성 통증일 때 집작약과 감초 각 15g을 물 400㎖로 달여 1일 3번 나눠 끼니사이에 복용하면 효과가 좋다.

● 약쑥

배가 아플 때 약쑥 30g을 짓찧어 낸 즙을 1회에 10g씩 1일 3번 나눠 끼니사이에 복용하거나, 마른 쑥은 100g을 물 300㎖로 달여 1회 40㎖씩 1일 3번 나눠 끼니사이에 복용해도 좋다.

● 황금, 집작약, 감초

적리균과 대장균 억제와 위경련으로 나타나는 배 통증에는 황금과 집작약 각 8g, 감초 4g을 물로 달여 1일 3번 나눠 복용하면 효과가 있다.

● 마늘

배가 은근히 아플 때 마늘 3쪽을 짓찧어 냄비에 물과 함께 소량의 설탕을 넣고 끓여 1일 3번 나눠 끼니 뒤에 복용하면 효과가 있다.

요통이 심할 때

Dr's advice

다양한 원인으로 나타나는 허리 통증을 말하는데, 요통의 원인은 매우 많다.

【효과가 있는 약초약재藥草藥材】
● 위령선, 두충

요통, 관절통증을 비롯해 허리를 다쳤을 때 위령선 15g과 두충 20g을 물 300㎖에 달여 1일 3번 나눠 끼니 전에 복용하거나, 위령선 20g을 물 100㎖에 달여 1일 3번 나눠 먹으면 효과가 있다.

● 속단
허리와 다리에 힘이 없고 신허로 요통이 나타났을 때 속단 12g를 가루로 만들어 물 200㎖로 달여 1일 3번 나눠 복용하면 좋다.

● 마삭줄
허리에 통증이 심할 때 말린 마삭줄 18g을 가루로 만들어 1회 6g씩 1일 3번 나눠 끼니 뒤에 복용하면 좋다.

● 호두살
허리맥이 없고 허리가 시리면서 시큰할 때 호두살 12g을 넣고 쌀죽을 쑤어 1일 3번 나눠 복용하면 효과가 있다.

● 토사자, 우슬초

신허로 허리가 아프고 무릎이 시릴 때 토사자와 우슬초 각 12g을 술에 담갔다 말린 다음 가루로 만들어 꿀을 가미해 1알에 1g짜리 환으로 제조해 1회 8알씩 1일 3번 나눠 끼니 뒤에 복용하면 좋다.

● 파고지

허리가 은근히 아프고 시릴 때 파고지 12g을 가루로 만들어 1회 4g씩 1일 3번 나눠 술에 타서 복용하면 좋다.

● 솔잎

장기적인 허리통증과 신경통, 류머티즘 관절염 등에는 솔잎 18g을 볶아 가루로 만들어 1회 6g씩 1일 3번 나눠 복용하거나, 솔잎 250g을 술 1ℓ 에 넣고 15일 후에 1회에 1잔씩 마셔도 효과가 있다.

어깨통증이 있을 때

Dr's advice

어깨뼈의 부위별로 통증이 나타나고 팔을 잘 놀리지 못한다. 원인은 물질 대사장애, 혈액순환장애로 관절두위 연부조직의 만성염증, 노인성 퇴행성 변화와 기능장애로 나타나는 통증이다. 그밖에 외상과 종양으로 통증이 나타나기도 한다.

【효과가 있는 약초약재藥草藥材】
- ● 뽕나무가지

팔다리가 아플 때 뽕나무가지 50g을 잘게 썰어 물 500㎖에 달여 1일 3번 나눠 끼니 뒤에 복용하면 효과가 좋다.

- ● 강활
어깨가 쑤기고 통증이 왔을 때 강활 10g을 달여 1일 3번 나눠 복용하면 효과가 좋다.

- ● 뽕나무가지, 진교
어깨가 뻐근하고 쑤실 때 뽕나무가지 10g, 직교 8g을 물 200㎖에 달여 1일 3번 나눠 장복하면 좋다.

- ● 골담초
관절아픔과 신경통일 때 골담초 가지나 뿌리 200g을 탕기에 넣고 물 2ℓ을 부어 600㎖으로 줄인 다음 1회에 50㎖씩 1일 3번 나눠 장복하면 효과가 있다.

가슴통증이 있을 때

Dr's advice

 가슴 안의 여러 장기들과 가슴 벽에 나타나는 질환으로 생기는 증상을 말한다. 가슴 안에는 심장, 폐, 식도, 위와 장 등이 있다. 가슴통증에서 가장 심한 것은 협심증으로 인해 나타나는 아픔이다. 예를 들면 발작적으로 바늘로 찌르는 듯 한 통증인데, 몇 초 동안 나타났다가 사라진다. 통증부위는 숨을 쉴 때, 기침이나 재채기를 할 때 옆구리와 뒤 가슴에 통증이 나타나는데, 늑막염을 앓을 때 심하다. 늑골을 따라 나타나는 것이 바로 늑간신경통이다. 하지만 아픔을 느끼지 못하는 폐렴, 결핵, 폐 농양 등도 있는데, 이것은 폐에 신경이 없어 통증을 느끼지 못하기 때문이다. 이때 나타나는 증상은 가슴이 답답하고 뻐근해진다. 물론 타박상이나 외상으로 나타날 수도 있다.

【효과가 있는 약초약재藥草藥材】

● 울금, 강황

 가슴통증과 배가 불어나 아플 때 울금과 강황 각 20g씩 물에 달여 1일 3번 나눠 복용하면 효능이 있다.

● 탱자

 가슴이 답답하면서 뻐근하고 옆구리가 결리면서 통증이 있을 때 말린 탱자 15g을 볶아 가루로 만들어 1회 5g씩 1일 3번 나눠 복용하면 효능이 있다.

● 홍화(잇꽃)

가슴을 다쳐 생긴 어혈이나 통증, 늑간신경통으로 가슴이 아플 때 말린 홍화를 가루로 만들어 1회 2g씩 술에 타서 자기 전에 복용하면 효과가 좋다.

● 현호색

가슴을 심하게 다치거나 다양한 가슴통증이 나타났을 때 현호색 6g을 볶아 가루로 만들어 1회 2g씩 1일 3번 나눠 복용하면 좋다.

● 하눌타리씨앗

가래가 있고 기침이 나오고 가슴이 아플 때 하눌타리씨앗 12g을 볶아 가루로 만들어 1회 4g씩 1일 3번 나눠 더운 술에 타 끼니사이에 복용하면 좋다. 또는 하눌타리씨앗 70g을 물 400㎖에 달여 1일 3번 나눠 술 반잔에 타서 끼니사이에 나눠 먹어도 좋다.

열이 있을 때

Dr's advice

인간의 정상체온은 36.2~36.8℃로 이 기준보다 열이 높아지면 열이 있다고 판단한다. 몸에서 열이 난다는 것은 인체 내로 침입한 병균과 면역세포가 싸움을 하는 것이다. 38℃ 이상이면 고온, 정상체온보다 3~7부가 높아지면 미열이라고 한다. 높은 열이 발생하는 원인은 폐렴, 일본뇌염, 급성편도염, 패혈증, 신우염, 감기, 충수염, 방광염, 중이염, 류머티즘 등의 질병들이 무수히 많다.

【효과가 있는 약초약재藥草藥材】
● 칡뿌리

약간의 한기가 있고 열이 나면서 가슴이 답답하고 갈증이 심할 때 칡뿌리 10g을 물 200㎖에 달여 1일 3번 나눠 복용하면 좋다.

● 유피
감기, 류머티즘으로 열이 나고 도통이 심할 때 유피 10g을 200㎖에 달여 1일 3번 나눠 복용하면 좋다.

● 박하 잎
감기, 구강염, 후두염 등으로 열이 날 때 박하 잎 30g을 200㎖에 달여 1일 3번 나눠 끼니 뒤에 복용하면 좋다.

● 부평초

감기, 폐렴으로 열은 나지만 땀은 나지 않을 때 부평초 7g을 물 200㎖에 진하게 달여 1일 3번 나눠 끼니 30분 전에 1순가락씩 복용하면 효과가 있다.

● 시호

학질과 같은 오한과 열이 날 때 말린 시호뿌리 12g을 가루로 만들어 1회 4g씩 1일 3번 나눠 끼니 전에 복용하면 효능이 있다.

● 들국화

감기로 편도가 붓고 열이 날 때 들국화 6g을 뜨거운 물 200㎖에 넣어 1시간 우려낸 다음 30분간 달여 복용하면 좋다.

● 녹두, 쌀

장기적인 미열이 있을 때 녹두 50g과 쌀 30g을 섞어 죽을 쑤어 끼니사이에 복용하거나, 녹두 30g 달인 물에 수박즙 60g을 섞어 1일 3번 나눠 복용하면 효과가 더 있다.

● 연교(개나리열매)

감기나 급성 전염병으로 열이 많을 때 연교 12g을 물 300㎖에 달여 1일 3번 나눠 복용하면 좋다.

● 수박껍질

여름철 더위를 먹어 열이 나고 땀이 나면서 가슴이 답답하고 갈증이 심할 때 수박껍질 180g을 짓찧어 낸 즙을 1회 60g씩 1일 3번 나눠 복용하면 된다.

경련이 있을 때

Dr's advice

몸 전체가 근육 발작으로 오그라드는 증상을 말하는데, 하의학적으로는 풍 또는 경풍이라고 한다. 원인은 뇌에 혈액순환이 원활하지 못해 산소부족, 당분부족 등 다양한 조건에서 나타난다. 또한 뇌 외상, 뇌빈혈, 일사병, 질식 등으로 나타날 수가 있다.

【효과가 있는 약초약재藥草藥材】

● 뽕나무가지, 진교
팔다리가 쑤시고 통증을 동반한 경련일 때 뽕나무가지 12g, 진교 10g을 물에 달여 1일 3번 나눠 복용하면 된다.

● 매미허물, 박하 잎
어린이들의 높은 열과 경련, 파상풍으로 경련이 나타날 때 머리와 발을 제거한 매미허물 6개와 박하 잎 3개를 물 50㎖에 넣어 반으로 달여 1일 3번 나눠 복용하면 된다.

● 누에가루
경련, 전간, 중풍이 나타났을 대 누에가루 13g을 약한 불에 볶아 가루로 만들어 1회에 4g씩 1일 3번 나눠 복용하면 좋다.

● 천마, 두충

팔다리무력증, 경련 등이 나타났을 때 천마와 두충 각 10g을 물에 달여 1일 3번 나눠 복용하면 효과가 있다.

● 왕지네

중독으로 나타나는 경련 때 왕지네 머리와 발을 제거하고 만든 가루 0.9g을 소량의 설탕을 가미해 1회에 0.3g씩 1일 3번 나눠 복용하면 된다. 주의할 점은 독이 있어 다량 섭취는 금물이다.

● 조각자, 백강잠(흰가루병누에)

심한 열과 경련이 발작했을 때 조각자와 백강잠(흰가루병누에)을 각 15g씩 물에 달여 1일 3번 나눠 복용하면 효능이 있다.

호흡곤란이 있을 때

Dr's advice

정상적이 호흡이 아닌 비정상적인 호흡을 말한다. 건강한 호흡기준은 보통 1 분에 16~18번이지만, 호흡곤란이 나타나면 호흡횟수가 빨라진다. 원인은 열과 관계되는 것이 많은데, 열이 나면서 호흡이 빨라지는 것은 폐렴, 늑막염, 심내막염 등이다.

열이 없어도 호흡이 빨라지는 것은 폐결핵, 규폐, 폐기종 등이다. 이밖에 열이 있으면서 호흡이 가파르고 심장이 두근거리면 심장병, 빈혈, 저혈압, 고혈압, 신장염 등을 의심해봐야 한다.

【효과가 있는 약초약재藥草藥材】

● 오미자, 살구씨

기침이 나고 호흡이 곤란할 때 오미자 20g과 살구씨 5개를 물 500㎖로 절반이 되게 달인 다음 1일 3번 나눠 끼니 뒤에 복용하면 된다.

● 무, 물엿

심한 기침으로 호흡이 곤란할 때 무를 잘게 썰어서 물엿에 담가 생기는 액즙 1잔을 복용하면 된다.

● 잠사

천식으로 호흡이 곤란할 때 말린 잠사(누에가 풀을 먹고 배설한 것) 40g을 가루로 만들어 꿀에 반죽한 다음 복용하면 된다.

● 배, 총백(대파 흰뿌리)

열과 기침과 천식으로 호흡이 어려울 때 배 2개로 즙을 만들어 총백(대파

흰뿌리) 5개를 섞어 끓인 다음 복용하면
된다.

● **차조기씨, 무씨**
다양한 원인으로 호흡이 곤란할 때 차조
기씨 20g과 무씨 10g을 물 300㎖에 달
여 1일 3번 나눠 복용하면 효과가 좋다.

● **영지**
폐와 심장질환으로 호흡곤란일 때 영지 15g을 물 100㎖에 넣고 달여 1일
2번 나눠 복용하면 효능이 있다.

● **은행, 마황, 감초**
기관지천식으로 가래가 끓고 가슴이 답답하면서 호흡이 곤란할 때 볶은
은행 15개, 마황 7g, 구운 감초 7g을 물 500㎖에 넣고 1/3로 달여 1일 한번
잠자기 전에 복용하면 된다.

● **관동꽃, 나리**
기관지염, 기관지확장증, 기관지천식 등으로 호흡이 곤란할 때 말린 관동
꽃 10g과 밀린 나리 8g을 가루로 만든 다음 환으로 제조해 1회에 6g씩 1일
3번 나눠 복용하면 좋다.

● **도라지, 살구씨**
가래, 기침, 기관지염, 기관지확장증, 기관지천식, 폐결핵 등으로 호흡이
곤란 할 때 도라지 8g과 살구씨 12g을 물 300㎖에 달여 1일 3번 나눠 복용
하면 좋다.

● **백부, 마황, 살구씨**
장기적인 기침으로 호흡이 곤란할 때 백부 6g, 마황 10g과 살구씨 12g을
물에 달여 1일 3번 나눠 복용하면 효과가 있다.

가슴 두근거림(심계항진)이 있을 때

Dr's advice

심장이 뛰는 것을 말하는데, 건강한 사람들이 느끼는 것은 몹시 흥분하거나 심한 운동을 할 이런 현상이 나타난다. 그러나 심장병이거나 폐에 병이 있거나 빈혈이 있을 때도 가슴 두근거림이 나타난다. 이밖에 가슴 두근거림은 빈혈, 고혈압, 바세도우씨병, 만성기관지염 등이 있을 때이다.

【효과가 있는 약초약재藥草藥材】

● 깨풀

심장병으로 나타나는 가슴 두근거림에 말린 깨풀 60g을 끓는 물 200㎖에 넣어 10분 동안 더 끓인 다음 1일 3번 나눠 복용하면 된다.

● 돼지염통, 영사

심장신경증 또는 기타 원인으로 가슴이 두근거릴 때 돼지염통 안에 영사 2g을 넣고 찐 다음 먹거나 2번 나눠 복용해도 된다.

● 연꽃열매

신경쇠약으로 가슴이 두근거려 잠을 못 잘 때 연꽃열매 20g을 소금을 약간 넣고 물에 달여 1일 3번 나눠 복용하면 좋다.

● 복령, 주사
잘 놀라고 가슴이 두근거리면서 잠을 못잘 때 복령과 주사를 5대1의 비율
로 섞어 가루로 만들어 1회 5g씩 1일 3번 나눠 복용하면 좋다.

● 영사, 꿀
부정맥으로 가슴이 두근거리고 답답할 때 영사를 가루로 만들어 1회 2g씩
꿀 15g에 개어 1일 2번 아침저녁으로 나눠 끼니 전에 복용하면 좋다.

● 산사
약한 심장으로 가슴이 두근거릴 때 말린 산사 30g을 물 400㎖에 달여 1일
3번 나눠 끼니사이에 복용하면 된다.

가래가 있을 때

Dr's advice

폐에서 울대 사이에 생기는 점액성 분비물을 말하는데, 기침할 때 배출된다. 가래 색을 보고 병을 판단하는데, 피가래에서 각혈까지 다양하다. 원인은 폐결핵, 폐디스토마, 폐암, 심근경색, 규폐, 기관지확장증 등이다. 또한 기관지염일 때는 찐득찐득한 가래이고 폐농양일 때는 누른 고름가래로 고름 냄새가 난다.

【효과가 있는 약초약재藥草藥材】
● 도라지
가래를 묽게 할 때 도라지 20g을 물에 달여 1일 3번 나눠 끼니 뒤에 복용하면 효과가 있다.

● 마늘, 달걀
강한 기침에 가래가 많을 때 마늘 2개를 삶아 짓찧은 다음 달걀 1개에 섞어 복용한다.

● 아카시아나무껍질
가래가 많을 때 아카시아나무껍질 30g을 물 100㎖에 넣어 2/3로 달여 1일 3번 나눠 복용하면 된다. 주의할 점은 독이 있기 때문에 다량섭취는 금물이다.

● 귤껍질
가래의 양이 많을 때 귤껍질 9g을 가루로 만들어 1회 3g씩 물에 달여 1일 3번 나눠 끼니사이에 복용하면 된다.

● 은행
기관지천식, 기관지염으로 기침과 가래와 함께 호흡이 곤란할 때 은행 8g을 물에 달여 1일 3번 나눠 복용하면 된다.

● 살구씨, 참배
기관지염으로 가래가 많을 때 살구씨 10개, 참배 2개를 짓찧어 짜낸 즙에 꿀 적당량을 가미해 1회 1순가락씩 1일 3번 나눠 복용하면 효과가 있다.

● 하눌타리씨앗

마른기침이 있을 때 말린 하눌타리씨앗 20g을 물에 달여 꿀이나 설탕을 가미해 1일 3번 나눠 복용하면 좋다.

기침이 있을 때

증상별 동의보감 민간요법

Dr's advice

기침은 기도 안의 이물을 밖으로 배출하기 위한 운동을 말한다. 기침의 원인은 감기, 편도염, 기관지염, 폐렴, 기관지천식, 폐결핵 때 나타난다. 또한 가래와 함께 나오는 습한 기침과 가래가 없는 마른기침이 있다. 마른기침은 늑막염일 때 많으며, 기침할 때 병이 발병한 가슴에 통증이 심하다. 습한 기침은 감기, 폐렴, 기관지염, 기관지확장증, 폐결핵 때인데, 기침이 심하고 가래가 많이 끓는다.

【효과가 있는 약초약재藥草藥材】

● 오미자
가슴이 답답하고 기침이 날 때, 만성기관지염으로 기침이 많을 때 오미자 20g을 물에 달여 1일 3번 나눠 끼니 뒤에 복용하면 된다.

● 마두령(쥐방울덩굴열매)
기관지 확장과 가래를 삭이고 기침이 날 때 마두령 9g을 볶아 가루로 만들어 1회에 3g씩 1일 3번 나눠 끼니 뒤에 복용하면 좋다.

● 살구씨
감기, 기관지염, 기관지천식으로 기침이 나고 호흡이 곤란할 때 살구씨를 물에 20분 담갔다가 속껍질을 제거하고 짓찧어 15g을 물에 달여 1일 3번 나눠 복용하면 좋다.

● 도라지, 율무
기관지 안의 가래를 묽게 할 때 도라지 20g과 율무 30g을 물 400㎖에 넣고 1/2로 졸인 다음 1일 3번 나눠 복용하면 된다.

● 살구씨, 도라지
장기적인 기침일 때 살구씨와 도라지를 각각 20g에 물 600㎖를 넣고 1/3로 줄때까지 달여 1일 3번 나눠 복용하면 효과가 있다.

● 금불초꽃, 총백(대파 흰뿌리)
가래와 함께 기침이 나고 호흡이 찰 때 말린 금불초꽃 1줌과 총백(대파 흰뿌리) 3개를 물에 달여 복용하면 된다.

각혈이 있을 때

증상별 동의보감 민간요법

Dr's advice

폐나 기도의 핏줄이 상해 피가 가래와 함께 섞여 나오는 것을 말한다. 각혈의 원인은 기관지확장증, 폐결핵, 폐암, 폐렴, 만성 가관지염 등일 때 나타난다. 다른 부위의 질병으로 각혈이 나올 수도 있다. 예를 들면 백혈병, 자반병, 혈소판감소증 등이다.

【효과가 있는 약초약재藥草藥材】

● 소금
각혈이 심하지 않을 때 진한 소금물 한 사발을 복용하면 된다.

● 백급
각혈이 나올 때 말린 백급 9g을 가루로 만들어 1회 3g씩 1일 3번 나눠 복용하면 좋다.

● 연근
각혈과 어혈일 때 연근 20g을 물 200㎖에 달여 1일 3번 나눠 복용하면 효과가 있다.

● **포황(부들꽃가루), 박하**
각혈이 있을 대 포황 6g과 박하 잎 6g을 같은 양으로 섞어 가루로 만들어
1회 4g씩 1일 3번 나눠 복용하면 좋다.

● **조뱅이**
각혈이 있을 때 조뱅이 6g을 물 200㎖에 달여 1일 3번 나눠 복용하면 좋
다.

● **선인장**
각혈이 있을 때 잘게 자른 선인장을 물에 담가 우려낸 다음 불에 올려 은
은하게 졸여 100㎖씩 1일 3번 나눠 복용하면 된다.

● **아교**
각혈로 피가 부족할 때 말린 아교 9g을 약한 불에 볶아 가루로 만든 다음
1회 3g씩 1일 3번 나눠 복용하면 된다.

구토가 있을 때

Dr's advice

위 안에 있는 내용물이 식도를 통해 입을 배출되는 것을 말한다. 구토는 구토를 맡은 중추가 직접 자극되거나 소화기 이상으로 나타나는 현상이다. 중추를 자극하는 질병은 뇌종양, 뇌막염, 급성 위장염, 식중독, 장 폐쇄, 복막염, 담석증 등이다. 급성 위염이나 급성 장염은 음식을 섭취한 다음 배 아픔과 설사와 열이 나타난다. 이밖에 위·십이지장궤양, 위암일 때도 나타나지만 열이 없다. 또한 입덧할 때 구토는 6주부터 나타나는데, 거의 아침에 이런 현상이 나타난다. 체했을 때는 손가락을 입에 넣어 강제로 구토하는 것이 좋다.

【효과가 있는 약초약재藥草藥材】

● 차조기잎

소화불량으로 심한 구토가 있을 때 차조기잎 20g을 물에 달여 1일 3번 나눠 복용하면 된다.

● 반하, 파, 엿기름

구토가 있거나 입덧으로 구토가 있을 때 반하 10g, 파 3개, 엿기름 10g을 물 200㎖를 붓고 1/2의 양으로 달여 1일 3번 나눠 복용하면 된다.

● 인삼, 달걀

허약한 어린이 구토에는 인삼 6g을 달인 물에 달걀 흰자위 1개를 섞어 1일 3번 나눠 복용하면 좋다.

● 갈뿌리(갈대)

어린이 갈증으로 구토가 있을 때 갈뿌리(갈대) 30g을 물 200㎖에 달여 1일 3번 나눠 복용하면 된다.

● 생강, 참대껍질

위병으로 나타나는 구토와 심한 입덧 때 생강과 참대껍질을 각각 25g씩 물에 달여 1일 3번 나눠 복용하면 된다.

● 반하, 생강

심한 입덧으로 나타나는 구토에는 반하 10g과 생강 5g을 물에 달여 1일 3번 나눠 복용하면 좋다.

● 약쑥

위장장애로 나타나는 심한 구토에는 약쑥 150g을 짓찧어 낸 즙을 1회 50㎖씩 1일 3번 나눠 끼니 전에 복용하면 효과가 있다.

헛배가 부를 때

Dr's advice

뱃속에 가스가 차서 배가 불어난 것을 헛배라고 말한다. 소화관의 가스는 공기가 대부분인데, 이것은 트림이나 항문으로 배출된다. 그러나 장의 이상으로 장운동이 약해지면 가스가 밖으로 배출되지 못하고 쌓여있게 된다. 이밖에 심장병, 저혈압, 간경변증 등으로 혈액순환이 원활하지 못하거나 소대장염, 빈혈 등이 있을 때도 가스가 쌓인다. 또한 소화불량, 발효성 식품 다량 섭취, 심한 변비가 있어도 가스가 차게 된다.

【효과가 있는 약초약재藥草藥材】

● 무씨, 사이

소화기관이 불량해 가스가 찰 때 무씨와 사이 각 4.5g을 약한 불에 볶아 가루로 만들어 1회 3g씩 1일 3번 나눠 끼니사이에 생강 달인 물을 첨가해 복용하면 좋다.

● 계내금(닭위속껍질)

밥맛이 없고 가스가 차고 명치 밑이 답답할 때 속껍질을 벗긴 닭의 위 6g을 말려 가루로 만들어 1회 2g씩 1일 3번 나눠 끼니 전에 복용하면 된다.

● 오수유, 건강(말린 생강)

비위가 허해 가스가 차서 불어나면서 통증과 신물이 올라오는 때 오수유 10g과 건강 7g을 물에 달여 1회 40㎖씩 1일 3번 나눠 복용하면 좋다.

● 수세미외씨
일반적으로 헛배가 부를 때 수세미
외씨를 약한 불에 볶아 가루로 만들
어 1회 3g씩 술 1잔에 타서 복용하
면 된다.

● 엿기름
소화불량에 가스가 찰 때 엿기름 1
줌에 물 150㎖을 붓고 1/2로 달여 1
일 3번 나눠 끼니사이에 복용하면
된다.

● 절국대(음행초)
산후 배가 아플 때 말린 절국대(음
행초) 20g을 물에 달여 1일 3번 나
눠 복용하면 좋다.

● 약누룩
음식을 먹고 체해 가스가 찰 때 약누룩 18g을 가루로 만들어 1일 6g 3번
나눠 복용하면 된다.

● 견우자(나팔꽃씨), 약누룩, 목향

음식을 먹고 체해서 배에 통
증과 가스가 찰 때 견우자
80g, 약누룩 50g, 목향 15g
을 가루로 만들어 1회 5g씩 1
일 3번 나눠 복용하면 좋다.

토혈이 있을 때

Dr's advice

위나 식도에 출혈이 생겨 입을 통해 피가 배출되는 토혈이라고 말한다. 원인은 위궤양, 위 염증, 암 등으로 핏줄이 터지기 때문이다. 이때 출혈이 되기 전 신호로 명치끝에 통증이 있고 가슴이 따가우며 속이 메슥거린다. 위에서 출혈되는 토혈은 검붉은 피와 밥찌꺼기, 핏덩어리와 같이 배출되고 식도에서 출혈되는 토혈은 묽은 피만이 나온다. 하지만 간경변증이나 반티증후군, 식도암일 때는 배의 통증보다 가슴에 묵직한 무엇이 뭉쳐 있다가 많은 피를 토하게 된다.

【효과가 있는 약초약재藥草藥材】

● 엉겅퀴

약한 토혈일 때 엉겅퀴 40g에 물 500㎖를 붓고 1/2의 양으로 달여 1일 3번 나눠 복용하면 효과가 있다.

● 토삼칠
갑자기 토혈이 배출될 때 토삼칠 6g을 가루로 만들어 1회 2g씩 1일 3번 나눠 복용하면 효과가 좋다.

● 백급
토혈이 있을 때 백급을 15g을 잘게 썰어 물 200㎖에 달여 설탕을 가미해 1일 3번 나눠 먹으면 된다.

● 선학초(짚신나물)
토혈이 있을 때 선학초 10g을 물 200㎖에 달여 1일 3번 나눠 복용하면 좋다.

● 조뱅이
토혈이 있을 때 조뱅이 8g을 물 150㎖로 달여 1일 3번 나눠 복용하면 된다.

● 냉이, 선학초
토혈이 있을 때 냉이와 선학초을 각각 10g씩 달여 1일 3번 나눠 복용하면 좋다.

● 측백잎

토혈이 있을 때 측백잎 50g을 짓찧어 물로 달여 1일 3번 나눠 복용하면 좋다.

쓰린 가슴이 있을 때

Dr's advice

명치 위쪽에 불에 데인 듯 한 통증이 나타나는 것을 가슴이 쓰리다고 말한다. 이 증상은 몇 분에서 몇 시간 계속되는데, 심해지면 자연적으로 몸이 구부러진다. 원인은 밥을 물에 말아 먹거나 공기를 많이 삼켰거나 담배를 지나치게 피울 때, 물고기나 과일 등을 많이 섭취했을 때이다. 이밖에 초산부들(임신 4개월 정도)에게도 흔히 나타난다.

【효과가 있는 약초약재藥草藥材】

● 무
위산과다로 가슴이 쓰릴 때 무를 껍질 채로 강판에 갈아 간장을 가미해 끼니 전에 복용하면 된다.

● 약쑥
위병으로 가슴이 쓰릴 때 약쑥 90g을 짓찧어 물 100㎖을 붓고 달여 1회 30㎖씩 1일 3번나눠 끼니 전에 복용하면 좋다.

● 참깨, 소금
일반적으로 가슴이 쓰릴 때 참깨에 소금을 넣어 볶은 다음 끼니때마다 밥에 뿌려 복용한다.

● 바다 골뱅이
가슴이 쓰릴 때마다 바다 골뱅이의 껍질을 가루로 만들어 복용하면 좋다.

● 소태나무

위병으로 가슴이 쓰릴 때 소태나무 8g을 물 150㎖에 달여 1일 3번 나눠 복용하면 좋다.

● 달걀껍질, 감초

위산과다로 가슴이 쓰릴 때 달걀껍질과 감초를 6대1의 비율로 섞어 가루로 만들어 1회 3g씩 1일 3번 나눠 끼니 뒤에 복용하면 좋다.

입맛 상실이 있을 때

Dr's advice

좀처럼 끼니 때가 되어도 밥 생각이 별로 없고 음식 맛을 잊은 상태를 말한다. 즉 입맛이 없다는 것은 인체 내에 질병이 생겼다는 신호다. 하지만 위궤양, 위염과다, 당뇨병, 바세도우씨병 등을 앓아도 입맛이 없다. 이밖에 정신적인 피로, 불면증세, 위병, 소대장염일 때도 입맛이 사라진다. 또 장기적인 변비, 간염, 황달, 만성간염 등도 마찬가지이다.

【효과가 있는 약초약재藥草藥材】

● 산사

갑자기 입맛이 없을 때 산사 25g을 물에 달여 1일 3번 나눠 끼니사이에 복용하면 된다.

● 생강

피곤해서 입맛이 없을 때 생강 15g을 짓찧어 즙을 내서 1회 5㎖씩 1일 3번 나눠 끼니사이에 복용하면 좋다.

● 마늘
소화불량으로 입맛을 잃었을 때 마늘을 굽거나 쪄서 끼니 전에 5쪽씩 복용하면 좋다.

● 엿기름, 약누룩
헛배가 부르고 입맛이 없을 때 엿기름과 약누룩을 각 4.5g씩 섞어 가루로 만들어 1회에 3g씩 1일 3번 나눠 끼니사이에 복용하면 된다.

● 귤껍질
위병으로 입맛이 없을 때 귤껍질 20g을 물에 달여 1회 3번 나눠 끼니사이에 복용하면 된다.

황달이 있을 때

Dr's advice

혈액 속의 담즙색소가 비정상적으로 증가해 피부나 점액에 침착되면서 노랗게 염색된 상태를 말한다. 즉 혈액에 열물색소인 빌리루빈양이 정상치보다 많아져 피부와 점막이 누런빛을 띤 상태다. 원인은 급성·만성감염, 간경변증, 간 위축, 약물, 버섯중독, 담석증, 담도종양 등으로 나타난다.

【효과가 있는 약초약재藥草藥材】

● 인진쑥

열로 황달이 왔을 때 인진쑥을 거칠게 간 다음 18g을 물에 달여 1일 3번 나눠 복용하면 좋다.

● 청호(제비쑥)

황달이 나타났을 때 청호 18g을 물에 달여 1일 3번 나눠 끼니 뒤에 복용하면 된다.

● 마디풀

오줌소태와 황달이 나타
났을 때 마디풀 210g을
짓찧은 다음 즙을 만들어
1회 70㎖씩 1일 3번 나눠
끼니사이에 복용하면 된
다.

● 자라고기

허약체질로 황달이 왔을 때 자라고기 240g을 삶아 1회 80g씩 1일 3번 나
눠 끼니 전에 복용하면 된다.

● 녹반, 인진쑥

간염으로 황달이 나타났을 때 말린 녹반과 인진쑥을 1대1의 비율로 섞어
가루로 만든 다음 환으로 제조해 1회 15알씩 1일 3번 나눠 15일 동안 끼니
뒤에 복용하면 된다.

● 미나리

만성간염으로 황달이 있는 때 미나리 210g을 짓찧어 즙으로 만들어 1회
70㎖씩 1일 3번 나눠 복용하면 좋다.

구취가 있을 때

Dr's advice

입안에서 역한 냄새가 나는 것을 말한다. 원인은 충치나 이빨사이에 낀 음식물 찌꺼기가 발효되거나 위병이 있을 때 나타난다.

【효과가 있는 약초약재藥草藥材】

● 참외씨

입안의 염증으로 구취가 날 때 참외씨로 만든 가루를 꿀로 반죽해 0.3g씩 환으로 제조해 아침 양치 후 1알씩 녹여서 복용하면 된다.

● 매화열매

입안에 심한 염증으로 구취가 날 때 매화열매를 소금에 절여 입에 물고 있으면 된다.

● 범부채

입안에 염증이 있을 때 범부채 7g을 달여 1일 3번 나눠 복용하면 된다.

● 천궁, 백지

입안이 헐어 구취가 날 때 천궁과 백지를 각각 9g씩 가루로 만든 다음 꿀과 반죽해 1.5g씩 환을 제조해 1회 4알씩 1일 3번 나눠 끼니 뒤에 복용하면 된다.

● 회향
음식물이 이빨에 끼여 부패하면서 구취가 날 때 회향 싹과 줄기를 국으로 끓여 먹거나 생것을 복용하면 좋다.

● 세신
충치로 구취가 있을 때 세신을 진하게 달여 뜨거운 것을 입에 넣어 가글한 다음 뱉어내면 된다.

변비가 있을 때

Dr's advice

대변이 장시간 장 속에 머물러 굳어지면서 몸 밖으로 배출되지 않아 배변이 힘든 상태를 말한다. 변비원인은 편식, 고기섭취, 위장장애, 간 장애 등을 비롯해 대변을 억지로 참았을 때 나타난다. 변비가 장시간 지속되면 항문질병이 유발될 수가 있다. 따라서 변비예방을 위해 규칙적인 식사와 섬유질 음식 섭취, 운동 등이 필요하다.

【효과가 있는 약초약재藥草藥材】

● 마인

약한 변비일 때 마인 45g을 볶아 가루로 만들어 1회 15g씩 1일 3번 나눠 끼니 1시간 전에 복용하면 좋다.

● 땅콩

보통 변비일 때 마른 땅콩 10g을 볶아 가루로 만들어 1일 3번 나눠 복용하면 좋다.

● 결명자

장운동이 원활하지 못해 생기는 변비일 때 결명자를 2순가락을 볶아 물 1ℓ 에 넣고 1/2의 양으로 달여 1일 3번 나눠 끼니 뒤에 복용하면 좋다.

● 견우자
심한 변비일 때 견우자 12g을 약한 불에 볶아 가루로 만들어 1회 4g씩 1일 3번 나눠 끼니 전에 따뜻한 물에 타서 복용하면 효과가 있다.

● 호두 살, 잣
허약체질과 노인들 변비에 호두살과 잣씨를 1회 20g씩 1일 3번 나눠 복용하면 된다.

● 욱리인
노인, 산모, 허약체질의 습관성 변비에는 욱리인 12g을 가루로 만들어 1회 4g씩 1일 3번 나눠 끼니 뒤에 복용한다.

● 마인, 당귀
습관성 변비, 노인, 어린이, 해산 후 변비에는 마인 15g과 당귀 10g을 물에 달여 꿀 10g을 첨가해 1일 3번 나눠 복용하면 좋다.

● 대황, 감초
대장운동이 원활하지 않아 변비가 있을 때 대황 40g과 감초 10g을 가루로 만들어 1회 2g씩 저녁끼니 뒤 3시간 후에 복용하면 효능이 있다.

불면증이 있을 때

Dr's advice

매일 본인 의지대로 잠을 잘 수가 없는 상태를 말한다. 불면증 원인은 정신적인 것이 대부분이지만, 육체적인 것과 질병으로 인한 것도 있다.

【효과가 있는 약초약재藥草藥材】

● 산조인

가슴이 답답하고 잠이 오지 않을 때 산조인 10g을 물 150mℓ에 달여 1일 3번 나눠 복용하면 좋다.

● 측백씨

가슴이 두근거리고 심장신경증, 신경쇠약으로 불면증이 왔을 때 측백씨 6g을 약한 불에 볶아 가루로 만들어 1회 2g씩 1일 3번 나눠 끼니사이에 복용하면 된다.

● 오미자

자주 흥분되어 잠이 오지 않을 때 오미자 6g을 가루로 만들어 1회 2g씩 1일 3번 나눠 따뜻한 물에 타서 복용하면 좋다.

● 영지

신경쇠약으로 잠이 오지 않을 때 영지 10g을 물 80mℓ에 달여 1일 3번 나눠 복용하면 된다.

● 두릅나무뿌리껍질
병을 앓고 난 허약체질로 잠이 오지 않을 때 두릅나무뿌리껍질 15g을 물 250㎖에 달여 1일 3번 나눠 복용하면 된다.

● 꽃고비
신경과민으로 잠이 오지 않거나 비몽사몽일 꽃고비 5g을 물 150㎖에 달여 1일 3번 나눠 복용하면 된다.

● 등심초
심열로 가슴이 답답해 잠들 수가 없을 때 등심초 5g을 물에 달여 1일 3번 나눠 복용하면 된다.

● 주사, 세신
생각이 많아 잠을 못 이룰 때 주사 12g과 세신 6g을 섞어 가루로 만들어 1회 2g씩 1일 3번 나눠 3일간 복용하면 좋다.

● 대추, 총백(대파 흰뿌리)
몸이 쇠약하고 가슴이 답답하며 손과 발에 열이 나면서 잠이 오지 않을 때 대추 20알과 총백(대파 흰뿌리) 5개를 달여 1일 한번 끼니사이에 복용하면 효과가 있다.

● 천마, 천궁
머리가 어지럽고 아프면서 잠이 오지 않을 때 천마와 천궁 각 3g으로 만든 가루를 환으로 제조해 1회 2g씩 1일 3번 나눠 복용하면 좋다.

식은땀이 날 때

Dr's advice

땀은 주로 더울 때나 운동 후에 사람이나 동물의 피부에서 분비되는 액체를 말한다. 땀은 체온을 조절하는 기능이 있다. 땀나기는 땀이 날 원인도 없는데 많은 땀을 흘리는 증상이다. 이것을 식은땀이리고도 한다. 어린이들에게 많이 흐르는 식은땀은 신경이 완성되지 못하고 열 조절이 원활하지 못해서 그렇다. 하지만 폐결핵, 늑막염, 폐렴, 류머티즘 등을 앓고 있을 때도 식은땀이 난다. 또한 허약 체질에서 잠자리가 젖도록 식은땀을 흘리면 병으로 의심해봐야 한다.

【효과가 있는 약초약재藥草藥材】

● 백출, 귤껍질

입맛이 없으면서 복용하면 잘 체하고 맥이 약하면서 식은땀이 날 때 백출과 귤껍질을 2대1의 비율로 섞어 가루로 만들어 1회 5g씩 1일 3번 나눠 끼니사이에 복용하면 된다.

● 단너삼

허약체질이나 병후에 식은땀이 날 때 단너삼 10g을 물에 달여 1일 3번 나눠 끼니 뒤에 복용하면 된다.

● 둥글레
병후에 담을 많이 흘릴 때 둥글레 30g을 물에 달여 1일 3번 나눠 끼니 전에 복용하면 좋다.

● 모려(굴조개)
음이 불안정해 식은 담이 날 때 모려 6g을 불에 구워 가루로 만들어 1회 2g씩 1일 3번 나눠 따뜻한 물에 타서 복용한다.

● 부소맥(밀 쭉정이), 모려
식은땀과 미열이 있을 때 부소맥 20g에 모려 10g을 불에 구워 섞어 가루로 만들어 1회 10g을 물에 달여 1일 3번 나눠 복용하면 된다.

● 참깨
몸이 약해 땀을 많이 흘릴 때 참깨기름 1숟가락을 끓여 식힌 다음 달걀 2개를 넣고 골고루 섞어 1일 3번 나눠 끼니 전에 복용하면 좋다.

● 백출, 방풍, 단너삼
원인 없이 저절로 땀이 흐르거나 잘 때 식은땀이 날 때 백출 15g, 방풍과 단너삼 각 8g씩을 섞어 물에 달여 1일 3번 나눠 복용하면 효과가 좋다.

복수가 찰 때

Dr's advice

인체의 복강 안에 액체가 차는 병증을 말하는데, 예를 들면 복막염, 간경변 등의 질환으로 복수가 생긴다. 복수는 결핵성 복막염과 간경변증으로 혈액순환이 원활하지 않아 물이 차는 종류가 있다. 복수가 차면 폐와 소화기를 압박하기 때문에 호흡이 어렵고 소화가 안 된다.

【효과가 있는 약초약재藥草藥材】

● 가물치

복수가 찼을 때 가물치 1마리에 미나리 2줌을 넣고 끓여 1일 3번 나눠 복용하면 된다.

● 팥

간경변증으로 나타나는 복수 때 팥 20g을 달여 단번에 복용하거나 팥 120g과 마디풀 10g을 함께 물 500㎖에 달여 1일 3번 나눠 끼니 전에 복용하면 좋다.

● 옥수수수염

복수가 찼을 때 배출을 위해 옥수수수염 10g을 물 150㎖에 달여 1일 3번 나눠 복용하면 효과가 좋다.

● 차전자

복수를 소변으로 배출시키기 위해 차전자 10g을 물에 달여 1일 3번 나눠 복용하면 좋다.

● 복령

복수가 찼을 때 복령 6g을 가루로 만들어 1회 2g씩 1일 3번 나눠 끼니 뒤에 복용한다.

● 율무

심한 복수일 때 율무가루와 쌀가루를 각 40g씩 섞어 죽을 쑤어 복용한다.

혈뇨이 있을 때

Dr's advice

소변에 혈액이 함께 나오는 것을 말하는데, 눈으로 확인할 수 없을 정도의 소량도 있다. 혈뇨의 예를 들면 방광염, 신석증이 있을 때 나타난다. 하지만 통증 없이 피소변이 나오는 것은 암을 의심해봐야 한다.

【효과가 있는 약초약재藥草藥材】

● 측백잎

방광과 요도염으로 혈뇨가 나올 때 말린 측백잎 6g으로 만든 가루를 꿀에 개어 환으로 제조해 1회 2g씩 1일 3번 나눠 복용하거나, 측백잎 10g을 물에 달여 1일 3번 나눠 먹어도 된다.

● 마디풀

방광염으로 혈뇨가 나올 때 말린 마디풀 6g을 가루로 만들어 1회 2g씩 1일 3번 나눠 복용하면 된다.

● 백모근

오줌소태에 혈뇨가 나올 때 백모근 20g을 물에 달여 1일 3번 나눠 복용하면 된다.

● 연꽃뿌리

혈뇨를 멈추게 할 때 연꽃뿌리즙 50g을 1일 3번 나눠 복용하면 된다.

● 꼭두서니

신장결석과 방광결석으로 혈뇨가 나올 때 꼭두서니 15g을 물에 달여 1일 3번 나눠 복용하면 된다.

● 생지황, 지유

다양한 원인으로 나오는 혈뇨를 멈추게 할 때 생지황 15g과 지유 15g을 물에 달여 1일 3번 나눠 복용하면 된다.

● 황련, 차전초

잦은 혈뇨를 멈출 때 황련 15g과 차전초 10g을 물에 달여 1일 3번 나눠 복용하면 효과가 좋다.

딸꾹질이 날 때

Dr's advice

가로막 경련으로 들숨이 방해를 받아 이상한 소리가 나는 증상을 말한다. 딸꾹질의 원인은 뇌수 병, 중독물질 섭취, 헛배, 위장병, 늑막염, 복막염, 간장병 등일 때도 나타난다. 이밖에 정신적인 충격이나 음식을 급하게 먹었을 때도 나타난다.

【효과가 있는 약초약재藥草藥材】

● 마늘
음식을 잘못 먹고 나오는 딸꾹질은 마늘 한쪽을 입에 넣고 씹다가 딸꾹질이 날려는 순간 삼키면 된다.

● 콩기름, 달걀
딸꾹질이 날 때 콩기름 1숟가락을 졸인 다음 달걀 2개를 넣어 골고루 섞어 복용한다.

● 귤껍질
위병으로 나오는 딸꾹질은 귤껍질 30g을 달여 뜨거울 때 복용하면 된다.

● 반하, 생강, 참대껍질
딸꾹질이 멈추지 않을 때 반하와 생강을 각 10g과 참대껍질 8g을 달여 1일 3번 나눠 복용하면 효과가 있다.

● 인삼, 당귀
장기간 나오는 딸꾹질에는 인삼과 당귀 각 7g을 돼지염통에 넣고 실로 꿰맨 다음 푹 삶아 복용한다.

● 감꼭지
딸꾹질이 멈추지 않을 때 감꼭지 6개를 물에 달여 1일 3번 나눠 복용하면 효과가 있다.

현기증(어지럼증)이 있을 때

Dr's advice

눈앞이 아찔하고 정신이 흐려지는 증세를 말한다. 다시 말해 신체가 중심을 잃거나 주변사물들이 핑핑 도는 상태이다. 어지럼증은 귀속에 있는 달팽이관의 이상으로 균형 감각을 잃었기 때문에 나타나는 현상이기도 하다. 또한 급성·만성에서 나타나는 중이염, 스트렙토마이신 같은 약물중독, 코·눈·이의 병, 심장병, 저혈압, 동맥경화증, 고혈압, 신경쇠약증 등도 원이다.

【효과가 있는 약초약재藥草藥材】

● 산사
뇌빈혈로 나타나는 어지럼증에는 산사 20g을 물 300㎖에 달여 1일 3번 나눠 복용한다.

● 천궁
산후 혈액이 부족해 나타나는 두통과 어지럼증에는 쌀뜨물에 담가 말린 천궁 6g을 물 150㎖에 달여 1일 3번 나눠 끼니사이에 복용하면 된다.

● 토사자, 숙지황
빈혈, 신경쇠약으로 나타나는 어지럼증에 토사자와 숙지황을 각 12g씩 섞어 만든 가루를 1회 8g씩 1일 3번 나눠 복용하면 된다.

● 가시오갈피

저혈압으로 어지럽고 가슴이 두근거릴 때 가시오갈피 10g을 물에 달여 1일 3번 나눠 복용하면 된다.

● 영지

피로로 인한 어지럼증에 영지 10g을 물 150㎖에 달여 1일 2번 나눠 복용하면 된다.

● 단너삼

다양한 원인으로 몸이 약하고 빈혈로 나타나는 어지럼증에 단너삼 40g을 내장을 제거한 닭 뱃속에 넣고 중탕으로 끓인 다음 닭고기를 1일 2번 나눠 복용하면 된다.

● 오미자

저혈압으로 나타나는 어지럼증일 때 오미자 10g을 물 80㎖에 달여 1일 3번 나눠 복용하면 된다. 고혈압으로 나타나는 어지럼증엔 구기자와 오미자를 2대1의 비율로 섞어 가루로 만들어 1회에 8g씩 1일 3번 나눠 끼니 뒤에 복용하면 해결된다.

● 당귀, 단너삼

얼굴이 창백하고 어지러우며 두통과 가슴이 두근거릴 때 당귀 7g, 단너삼 17g을 물에 달여 1일 3번 나눠 복용하면 된다.

비만증이 있을 때

Dr's advice

살이 쪄서 몸무게가 정상보다 불어난 것을 말한다. 비만의 원인은 과식이나 지나친 영양소 섭취 때문이다. 이밖에도 내분비장애나 물질대사장애로도 나타날 수 있다. 비만증은 여러 가지 합병증의 원인이 될 수 있는데, 예를 들면 동맥경화증, 고혈압, 당뇨병 등이다.

【효과가 있는 약초약재藥草藥材】

● 가물치
비만일 때 조직사이에 쌓인 물을 배출시킬 때 가물치를 소금이나 간장을 가미하지 않고 끓여 끼니마다 복용하면 된다.

● 호박
비만일 때 노폐물을 배출시키기 위해 호박 즙을 끼니사이에 복용하면 된다.

● 둥글레, 복령, 마
비만 때 배고픔을 해소하기 위해 둥글레 15g과 복령 4g, 마 3g을 달여 1일 3번 나눠 끼니사이에 복용하면 된다.

● 잣
비만일 때 체내 콜레스테롤을 줄이기 위해 잣 10g을 1일 3번 나눠 끼니 전에 복용한다.

부종이 있을 때

Dr's advice

피하조직의 틈에 조직액이나 림프액이 고여 몸 전체 또는 일부가 부어오르는 증상을 말한다. 부종의 원인은 심장병, 간장병, 신장염 등인데, 심장병일 때는 다리부터 부어오르는 것이 특징이다. 신장염은 눈까풀에서 시작으로 점차 붓기가 온몸으로 퍼져나간다. 간장병은 간경변증으로 붓기가 나타나는데, 처음엔 배에 물이 찬 다음 다리가 붓는다. 또한 영양장애, 종양, 결핵, 빈혈, 위장병 등일 때도 나타난다. 이때는 전신이 물렁하게 붓는다. 이밖에 각기병, 임신 등으로도 부종이 나타난다.

【효과가 있는 약초약재藥草藥材】

● 차전자, 옥수수염

신장염, 오줌소태로 붓기가 있을 때 차전자 10g과 옥수수염 40g을 물에 달여 1일 3번 나눠 복용한다.

● 가물치

간장병으로 전신에 붓기가 있을 때 가물치 내장을 제거한 다음 마늘을 채워 물 적신 종이 3겹으로 싼다. 곧바로 석쇠에 올려 구워 가루로 만들어 1회 2g씩 1일 3번 나눠 더운물에 타서 복용하면 효과가 좋다.

● 가물치, 미나리

간경변증으로 배에 물이 차고 부종이 왔을 때 가물치의 내장을 제거하고 미나리 1줌을 채워 끓인 다음 1일 3번 나눠 복용한다.

● 늙은 호박

배에 물이 차고 부종이 있을 때 늙은 호박 속을 파내고 팥 1줌을

넣어 삶은 다음 짓찧어 1일 3번 나눠 끼니 전에 복용한다.

● 목통(으름덩굴줄기)
심장병, 신장염, 임신부 등의 붓기에는 목통 10g을 물 80㎖에 달여 1일 3번 나눠 복용한다.

● 백모근
급성 신장염으로 몸에 부종이 올 때 백모근 30g에 물로 달여 1일 3번 나눠 복용한다.

● 택사, 백출
심장병, 신장염, 임신부 붓기와 복수가 찰 때 택사와 흰 삽주를 각 10g씩 물에 달여 1일 3번 나눠 복용한다.

● 율무, 욱리인
전신이 붓고 소변소태일 때 율무 40g과 욱리인 5g을 함께 물에 달여 1일 3번 나눠 복용하면 된다.

멀미가 날 때

Dr's advice

차, 배, 비행기 등을 탔을 때 흔들림으로 속이 메스껍고 어지러워지는 증세를 말한다. 멀리의 원인은 귓속 달팽이관의 이상이 생기면서 식물신경을 흥분시키기 때문이다. 식물신경이 흥분되면 메스꺼움을 유발시킨다.

【효과가 있는 약초약재藥草藥材】
● 감국
멀미로 심한 어지럼증이 나타날 때 말린 감국 20g을 물에 우려낸 다음 차, 배, 비행기를 타기 전 복용하면 된다.

● 천마
멀미예방에 천마 10g을 물에 달여 차, 배, 비행기를 타기 며칠 전 1일 3번 나눠 복용한다.

● 독말풀잎
심한 멀미예방에 말린 독말풀 잎을 가루로 만들어 1회 0.01g씩 1일 3번 복용한다. 독성이 있기 때문에 다량 섭취를 삼가야 한다.

● 홍화, 당귀
멀미로 어지럼증이 심할 때 홍화와 당귀를 각 4.5g을 물에 달여 1회 3㎖씩 1일 3번 나눠 복용한다.

● 송진
멀미예방에 송진을 콩알 크기 3개를 따뜻한 물에 타서 복용하면 된다.

전신질환
신경계통 질환 질병

늑간신경통이 있을 때

Dr's advice

늑간신경 쪽에 나타나는 통증을 말한다. 다시 말해 발작성 통증이지만, 특징적으로 통증 이외에는 특별한 기질적인 변화가 없다. 원인은 늑막염, 폐결핵, 갈비뼈 외상, 가슴타박, 천주결핵, 종양 등이다. 더구나 기침, 재채기, 힘쓰기, 심호흡을 할 때 통증이 심해진다.

【효과가 있는 약초약재藥草藥材】

● 오갈피, 두충

신경통, 관절염일 때 오갈피와 두충을 각 4.5g을 섞어 만든 가루를 술로 쑨 풀에 반죽해 1알에 0.2g의 환으로 제조해 1회 15알씩 1일 3번 나눠 복용한다.

● 살모사

자주 재발되는 늑간신경통엔 살모사 1마리와 술(30%)을 대병에 붓고 밀봉해 7개월간 우려낸 뱀술을 1회 30㎖씩 하루 3번 나눠 복용한다.

● 홍화

다쳐서 가슴과 늑간신경통이 심하게 통증이 왔을 때 밀린 홍화를 가루로 만들어 1회 2g씩 자기 전 따뜻한 물에 타서 마시고 땀을 내면 된다.

전신질환 신경계통 동의보감 민간요법

삼차신경통이 있을 때

Dr's advice

삼차신경이 손상되어 안면에 심한 통증을 느끼는 질환을 말하는데, 가장 흔하게 나타나지만 대부분 원인이 불명하다. 원인으로 짐작되는 질환은 삼차신경 부위의 염증, 종양, 외상, 감기, 혈액순환장애, 물질대사장애 등일 때 나타난다. 또한 삼차신경줄기가 나오는 곳을 손가락으로 누르면 통증이 심하다. 통증부위에 따라 눈 신경통(1지), 위턱 신경통(2지), 아래턱 신경통(3지) 등으로 구분된다.

【효과가 있는 약초약재藥草藥材】

● 유피(버드나무껍질), 다릅나무껍질, 유근피
심한 신경통과 관절염, 타박상으로 나타나는 통증에는 유피와 다릅나무껍질을 각 1.2kg과 잘게 썬 유근피 0.7kg을 20ℓ 물에 넣고 10ℓ 의 양으로 달인 다음 중탕으로 농축시킨 고약을 기름종이에 1mm두께로 발라 통증부위에 붙이면 된다.

● 해동피
다양한 신경통일 때 해동피 10g을 물 200㎖에 달여 1일 3번 나눠 복용하면 좋다.

안면신경마비이 있을 때

Dr's advice

안면신경작용이 마비된 질환을 말하는데, 외상, 중이염, 류머티즘 등이 원인으로 보통 얼굴 한쪽이 찌그러지거나 틀어진다.

【효과가 있는 약초약재藥草藥材】

● 독활

중풍으로 입과 눈이 삐뚤어지고 몸을 마비되거나 안면신경마비가 발생했을 때 독활 15g을 물 200㎖에 달여 1일 3번 나눠 복용하면 좋다.

● 절국대(음행초)

안면신경마비 초기나 2년 이상 지났을 때 절국대(음행초) 20g을 물에 달여 1일 3번 나눠 복용하면 효과가 있다. 또한 가루로 만들어 1회 5g을 술에 타서 복용하면 좋다.

● 잉어피, 설탕

통증이 있을 때 잉어파와 설탕을 같은 양으로 섞어 바르면 효과가 있다.

● 선어(드렁허리)

안면신경마비가 왔을 때 선어 머리에서 피를 뽑아 마비부위에 바르면 된다.

상박신경통이 있을 때

Dr's advice

팔꿈치와 어깨사이에 나타나는 신경통을 말한다. 원인은 상박관절탈구, 쇄골 골절 등의 외상이나, 쇄골상와종양, 척주질병 등 발병한다. 이밖에 상박신경 총염증, 감기 등으로도 발병한다.

【효과가 있는 약초약재藥草藥材】
● 고춧가루, 바셀린, 밀가루, 술
통증이 나타났을 때 고춧가루 15g, 바셀린 20g, 밀가루 10g을 약간의 술 로 반죽해 기름종이에 발라 통증부위에 붙이면 된다.

● 왕지네, 달걀 흰자위
다양한 신경통, 관절염, 류머티즘 관절염 통증과 안면신경마비가 발병했 을 때 말린 왕지네 5마리를 머리와 발을 제거하고 가루로 만든다. 가루에 달걀 흰자위만 섞어 갠 다음 1일 3번 나눠 끼니 뒤에 복용하면 된다.

● 알로에 즙
염증과 통증이 왔을 때 알로에 즙 70㎖에 알코올(95%)을 섞어 7분을 끓인 다음 식혀 냉한 곳에 15일을 뒀다가 조금씩 마신다.

목 근육 통증이 있을 때

Dr's advice

아침에 일어났을 때 목 근육에 통증이 생겨 움직이지 못하거나 감기, 외상, 기타 질병으로 목이 아파서 움직이지 못하는 상태를 말한다.

【효과가 있는 약초약재藥草藥材】

● 생강

목이 뻣뻣하면서 통증이 있을 때 생강 1개를 강판에 갈아 통증부위에 비벼주면 된다.

● 미꾸라지

목을 움직일 수 없을 정도로 통증이 발생했을 때 미꾸라지 배를 갈라 내장을 제거하고 통증부위에 붙이면 해결된다.

좌골신경통이 있을 때

【효과가 있는 약초약재藥草藥材】

● 독활

하반신 통증, 다양한 신경통, 류머티즘 관절염, 신경마비 등일 때 말린 독활 9g을 달여 1일 3번 나눠 끼니 뒤에 복용하면 된다.

● 부자

신경통으로 발병하는 팔다리아픔, 허리아픔, 좌골신경통 등에 부자 10g을 가루로 만들어 식초로 반죽해 통증부위에 붙이면 해결된다.

● 해동피

좌골신경통과 다양한 신경통에 해동피 5g을 잘게 썰어 물 150㎖로 80㎖의 양으로 달여 1일 3번씩 나눠 복용하면 된다.

암계통의 질환 질병

식도암일 때

Dr's advice

식도의 점막에 생기는 암을 말한다. 식도암은 40살 이상 남성들의 식도하부와 흉부식도에 발병하는데, 식도종양에서 대부분을 차지한다. 원인은 술, 뜨거운 음식, 자극성 음식을 즐기는 사람에게서 자주 나타나고 있다. 초기는 식도부위에 음식물이 걸린 느낌과 삼킬 때 약한 통증이 있다. 심해지만 음식물을 삼키기 힘들어지다가 심하면 침도 넘기지 못한다. 특히 역한 구취가 나고 구토가 잦아지면서 식도출혈과 폐렴이 동반될 수가 있다.

【효과가 있는 약초약재藥草藥材】

● 말린 해삼

다양한 암일 때 말린 해삼 21g을 가루로 만들어 1회 7g씩 1일 3번 나눠 복용하면 좋다.

● 활나물

피부암, 자궁경부암, 식도암, 직장암, 백혈병일 때 활나물 10g을 물에 달여 1일 3번 나눠 복용하면 효과가 있다.

● 생마뿌리

다양한 암에는 잘게 썬 생마뿌리 400g을 알코올(60%)에 담가 우려낸 물을 1일 70㎖씩 3번 나눠 빈속에 복용하면 좋다.

● 기와버섯
암세포증식 억제를 위해 기와버섯 80g을 달여 찌꺼기를 건져내고 졸인 다음 1회 12㎖씩 1일 3번 나눠 복용하면 좋다.

● 갈퀴덩굴(팔선초)
식도암, 유방암, 자궁경부암, 장암일 때 갈퀴덩굴(팔선초) 80g을 물에 달여 1일 3번 나눠 복용하면 된다.

● 애기똥풀(백굴채)
암세포 성장을 억제할 때 애기똥풀(백굴채) 잎과 줄기를 짓찧은 21g을 알코올(40%)에 담가 10시간을 우려낸 다음 1회 7㎖씩 1일 3번 나눠 끼니 전에 복용하면 좋다.

위암일 때

Dr's advice

위에 생기는 암의 일종으로 발생부위는 유문부이다. 초기엔 증상을 느끼지 못하지만, 병이 진행되면서 통증, 팽만감, 메스꺼움, 식욕 부진 등이 나타난다. 또한 토하거나 대변 등에서 혈액이 섞여 나올 수도 있다. 원인이 확실하지는 않지만 위궤양, 위폴 리프 등을 앓은 다음에 많다는 연구보고가 있다. 위암의 특징은 전이가 빠른데, 보편적으로 간, 폐, 목 임파선으로 전이가 잘 된다.

【효과가 있는 약초약재藥草藥材】

● 애기똥풀(백굴채)
약품 40g을 짓찧어 알코올 150㎖에 10시간 우려낸 것을 1회 12㎖씩 1일 3번 나눠 끼니 전에 복용한다.

● 살구씨
씨껍질을 깐 살구 속씨 20알을 3번 나눠 복용하면 효과가 있다.

● 말린 지네
말린 지네의 머리와 발을 제거한 다음 1회 1마리씩 가루로 만들어 1일 3번 나눠 끼니 뒤에 복용하면 좋다.

● 토복령
말린 토복령 200g을 1400㎖의 물을 붓고 1시간 우려낸 물을 2시간을 달여 건더기를 건져내고 돼지비계 50g을 넣어 300㎖의 양으로 졸여 1회 20㎖씩 1일 3번 나눠 복용한다.

● 율무

위암 초기 때 율무 20g을 물에 달여 1일 3번 나눠 복용하면 효과가 있다.

● 다래나무뿌리

위암 외에 유방암일 때 다래나무뿌리 20g을 물에 달여 1일 3번 나눠 끼니 전에 복용하면 효능이 있다.

● 두릅나무뿌리껍질

두릅나무뿌리껍질 20g을 물 200㎖를 붓고 1/2로 달여 1일 3번 나눠 복용하면 좋다.

● 금잔화꽃가루

위암이나 식도암일 때 금잔화꽃가루 18g을 1회 0.2g씩 1일 3번 나눠 복용하는데 3일에 1번꼴이 좋다.

● 까마중

만성 저산성 위염과 위암에 까마중 20g을 물에 달여 1일 3번 나눠 복용하면 된다.

유방암일 때

Dr's advice

유방의 젖샘에 발생하는 암을 말한다. 초기엔 통증이 없고 멍울이 만져지고 병이 진행 될수록 외관변화와 궤양, 통증이 따른다. 폐경기나 폐경기 전후 나이인 40에서 60세 여성들에게 많이 나타난다. 발병원인은 만성 유선염이나 유선증에 이어 발병되는 경우가 많다. 처음엔 증상이 없지만, 병이 진행되면서 유방에 통증 없이 작은 멍울이 만져진다. 유방피부가 여드름 자국 같고 유방이 위로 올라가며, 젖꼭지가 기어들어가면서 벽돌색 또는 혈색분비물이 나온다.

【효과가 있는 약초약재藥草藥材】
● **자주꿩의비름(자경천)**
자구꿩의비름을 짓찧어 유방암이 생긴 곳에 붙여주면 좋다.

● **연잎밑둥**
유방암이 터졌을 때 연잎밑둥을 5개씩 적당하게 태워 술에 타서 복용하면 좋다.

● 두꺼비껍질

● 붉나무

유방암 초기엔 말린 붉나무를 가루로 만들어 식초에 갠 다음 암부위에 붙여준다.

● 천문동

유방암 초기엔 천문동 50g을 사루에 쪄 1일 3번 나눠 복용하면 효과가 있다.

대장암일 때

Dr's advice

대장에 생기는 암으로 직장암과 결장암으로 구분하는데, 50에서 60대에 많이 나타난다. 증상으로는 변비나 출혈 등이 나타난다. 초기엔 증상이 없다가 진행되면 헛배, 배 아픔, 구역질, 심한 변비, 장 막힘 등이 나타난다.

【효과가 있는 약초약재藥草藥材】

● 기와버섯
 말린 기와버섯 500g에 물에 달여 건더기를 건져내고 1ℓ 가 되도록 졸여 20㎖씩 1일 3번 나눠 복용하면 효과가 있다.

● 조릿대
 조릿대 500g을 물에 달여 건더기를 건져내고 다시 졸여 20㎖씩 1일 3번 나눠 끼니 뒤에 복용하면 좋다.

● 꿀풀(하고초)
 말린 꿀풀(하고초) 9g을 가루로 만들어 1회 3g씩 1일 3번 나눠 복용하면 효과가 있다.

● 인삼가루
 말린 인삼 12g을 가루로 만들어 1회 4g씩 1일 3번 나눠 끼니 전에 복용하면 된다.

방광암일 때

방광 점막에 생기는 암인데, 소변이 잘 나오지 않고 소변에 피가 섞여 나오기도 한다. 원인이 확실치 않지만 방광염, 방광결석 등으로 추측하고 있다. 초기엔 통증 없이 혈뇨가 나온다가 진행되면 핏덩어리가 소변길을 막아 소변소태가 온다.

【효과가 있는 약초약재藥草藥材】

● 우엉

말린 우엉 6g을 가루로 만들어 2g씩 1일 3번 나눠 끼니 전에 복용하면 좋다.

● 선학초

위암, 식도암, 대장암, 간암, 자궁암, 방광암일 때 선학초 10g을 달여 1일 3번 나눠 끼니 전에 복용하면 효과가 있다.

● 분홍바늘꽃

분홍비늘꽃 10g을 물에 달여 1일 3번 나눠 복용하면 좋다.

● 마타리뿌리

잘게 썬 마타리뿌리 15g을 물 200㎖에 달여 1일 3번 나눠 끼니 전에 복용하면 된다.

직장암일 때

Dr's advice

직장에 생기는 암으로 장암 중에서 발병 빈도가 가장 높은데, 조기발견과 조기치료가 쉽고 치료율이 매우 높다. 40대에서 60대 남성에게 많은데, 증상은 배변할 때에 혈변, 설사, 변비 등이 동반된다.

【효과가 있는 약초약재藥草藥材】

● 활나물

직장암, 식도암, 피부암, 자궁암 치료에 활나물 25g을 물에 달여 1일 3번 나눠 복용하면 효과가 있다.

● 두꺼비껍질

두꺼비 1마리 껍질을 벗겨 물에 달여 1일 3번 나눠 복용하면 종양세포 발육을 억제시킨다.

● 지렁이

깨끗이 손질하고 처리한 지렁이 4마리를 짓찧어 달걀에 개서 1일 3번 나눠 복용하면 효과가 있다.

자궁암일 때

여성의 자궁에 생기는 암으로 자궁 경부에 생기는 자궁경부암과 자궁체부에 생기는 자궁체암으로 나뉜다. 원인은 산도의 손상으로 자궁경부가 변형되고 이곳에 만성염증이 있을 때 발생한다. 증상은 처음엔 성기출혈이 잦다가 소변 소태와 허리와 아랫배에 심한 통증이 나타난다.

【효과가 있는 약초약재藥草藥材】
● 저근백피(가죽나무껍질), 맥강(보리겨)
자궁암을 치료할 때 저근백피(가죽나무껍질) 400g, 맥강 200g을 물 2ℓ 에 넣고 1ℓ 가 되게 달여 1회에 40㎖씩 1일 3번 나눠 복용하면 된다.

● 지치뿌리
자궁융모막상피종을 치료할 때 잘게 썬 지치뿌리 20g을 물에 달여 1일 3 번 나눠 10일을 치료주기로 복용하면 된다.

● 천남성
잘게 썬 천남성 20g을 물에 달여 1일 3번 나눠 복용하면 좋다.

● 활나물
자궁경부암에는 활나물을 짓찧어 낸 즙이나 말려 만든 가루를 솜에 묻혀 자궁경부에 밀어 넣어주면 좋다.

암계통 질환 동의보감 민간요법

간암일 때

Dr's advice

간장에 발병하는 암인데, 처음부터 간에 생기는 원발성 간암과 다른 곳에서
생긴 암이 옮아 일어나는 전이성 간암이 있다. 암아 발전되어 점점커지면 간
비대, 상복부통, 복수, 황달, 빈혈 등이 나타난다. 증세는 입맛이 없고 소화가
안 되며 몸무게가 줄면서 빈혈, 수척 등이 발생한다.

【효과가 있는 약초약재藥草藥材】

● 하눌타리뿌리
하눌타리뿌리 25g을 물
에 달여 1일 3번 나눠 끼
니 뒤에 복용하면 좋다.

● 가뢰, 달걀
달걀껍질에 구멍을 뚫고
가뢰(머리와 발, 날개를
제거) 2마리를 넣어 종이
로 막아 진흙으로 싸서 불
에 굽은 다음 가뢰는 버리
고 달걀만 1일 1개씩 복용
한다.

● 두꺼비, 밀가루
마른 두꺼비 80g을 가루
로 만들어 밀가루 20g에
섞어 콩알만 하게 환으로
제조해 1회 5알씩 1일 3
번 나눠 복용한다.

● 상어간기름

상어 간을 끓이면 위에 기름이 뜨는데, 이것을 1회 1㎖씩 1일 3번 나눠 공복에 복용하면 좋다.

● 새모래덩굴

새모래덩굴 15g을 물에 달여 1일 3번 나눠 끼니 전에 복용하면 좋다.

설암일 때

Dr's advice

혀의 점막상피나 점막선, 표면이나 내부에 생기는 암을 말하는데, 충치나 의치의 자극, 흡연에 의한 자극 등이 발병의 원인이다. 증상은 원인 없이 혀가 패이면서 통증이 심하고 자극하면 출혈과 냄새가 심하다.

【효과가 있는 약초약재藥草藥材】

● 차전초

차전초 15g을 물에 달여 1일 3번 나눠 먹거나, 차전초 30g을 짓찧어 낸 즙을 1일 3번 나눠 복용하면 된다.

● 가시오갈피뿌리껍질

가시오가피뿌리껍질을 알코올(70%)로 우려내 졸인 다음 1회 20방울씩 1일 3번 나눠 끼니 전에 복용하면 좋다.

● 소리쟁이뿌리

소리쟁이뿌리 가루 15g을 알코올(70%)에 우려낸 다음 암부위에 발라주면 좋다.

후두암일 때

Dr's advice

후두에 생기는 암인데, 후두가 좁아지고 음성장애가 나타나면서 호흡이 곤란해진다. 원인은 지금가지 불명확 하지만 대부분이 흡연과 관련 있다고 한다. 발병부위에 따라 성대상부암, 성대암, 성대하부암 등으로 나눠진다. 증상으로는 목이 쉬다가 진행되면 말소리까지 나오지 않고 마른기침이 난다.

【효과가 있는 약초약재藥草藥材】
● 뱀딸기잎
말린 뱀딸기잎 25g을 300㎖에 넣고 끓인 다음 1일 3번 나눠 끼니사이에 복용하면 좋다.

● 차전초
차전초 50g을 짓찧어 낸 즙을 물에 타서 1일 3번 양치해주면 좋다.

● 지치뿌리
잘게 썬 지치뿌리 12g을 물에 달여 1일 3번 나눠 끼니 전에 복용하면 좋다.

● 제비꽃
마른 제비꽃 12g을 물에 달여 1일 3번 나눠 복용하면 좋다.

● 금잔화꽃가루
금잔화꽃가루를 1회 0.2g씩 10일 동안 3일에 1번 1일 3회 나눠 복용하면 좋다.

폐암일 때

Dr's advice

폐에 발병하는 암인데, 대부분 기관지 점막상피에 발생한다. 고질적인 기침, 가래, 흉통 등의 증세가 나타나지만, 발병부위에 따라 오랜 기간 진행되어도 증상이 발견하지 못하는 경우도 있다. 원인은 지금가지 불분명하지만 흡연으로 짐작하고 있다. 조기증상은 기침과 피가래가 나오며 가슴에 통증이 오면서 숨이 차오른다.

【효과가 있는 약초약재藥草藥材】

● 하눌타리뿌리

잘게 썬 하눌타리뿌리 20g을 물에 달여 1일 3번 나눠 복용하면 좋다. 단 신장에 질병이 있을 때는 먹지 말아야 한다.

● 우엉

말린 우엉 6g을 가루로 만들어 1회 2g씩 1일 3번 나눠 복용하면 된다.

● 너삼, 율무

너삼뿌리 16g과 율무 8g을 섞어 달인 다음 1일 3번 나눠 복용한다.

● 차전초잎

마른 차전초잎 15g을 200㎖로 우려낸 다음 1일 3번 나눠 끼니사이에 복용하면 된다.

동의보감 민간요법

림프육종(임파육종)일 때

임계통 질환 동의 보감 민간요법

Dr's advice

임파조직에 원발성으로 발생하는 악성종양을 말하는데, 20~40살에 많이 발병하고 목과 겨드랑이에 나타난다. 처음엔 자각증상이 없이 1곳의 임파절이 커지는데, 경계가 분명하고 잘 움직인다. 혈행성으로 몸의 여러 곳에 전이가 나타난다. 증세는 빈혈과 신체가 쇠약해지며 몸이 마른다.

【효과가 있는 약초약재藥草藥材】

● 꽈리뿌리

꽈리를 짓찧어 발병부위에 붙이거나 꽈리뿌리 4g을 물에 달여 복용하거나, 하루건너 1회씩 복용하면 좋다.

● 애국풀

애국풀 25g을 짓찧어 낸 즙으로 1일 3번 나눠 먹거나 발병부위에 1개월 기준으로 15일을 쉬었다가를 반복해서 복용하면 된다.

● 자귀나무껍질

통증이 심할 때 잘게 썬 자귀나무껍질 20g을 물에 달여 1일 3번 나눠 끼니 전에 복용한다.

● 분홍바꽃

분홍바늘꽃 20g을 물에 달여 1일 3번 나눠 복용하면 된다.

피부암일 때

Dr's advice

피부에 발생하는 상피성 암인데, 피부에 발생하는 모든 종류의 암을 말한다. 발병원인은 자외선 과다노출, 방사선, 외상, 화학 등으로, 급속히 주위조직을 침범하고 다른 부위로 전이된다. 처음엔 콩알크기의 담홍색, 선홍색 등의 결절이 생기고 점점 커지면서 터져서 분화구 모양으로 팬다.

【효과가 있는 약초약재藥草藥材】

● 돌나물
돌나물 25g을 짓찧어 낸 즙은 먹고 찌꺼기는 발생부위에 붙이면 좋다.

● 우엉
우엉 25g을 짓찧어 발병부위에 붙여주면 좋다.

● 분홍바늘꽃
분홍바늘꽃 20g을 물에 달여 1일 3번 나눠 복용하면 효과가 있다.

● 노간주나무열매
잘게 썬 노간주나무열매 15g을 물에 달여 1일 3번 나눠 복용하면 효과가 좋다.

● 활나물
활나물을 15g을 짓찧어 발병부위에 붙이면 된다.

혈액계통의 질병

빈혈이 있을 때

Dr's advice

혈액속의 적혈구나 혈색소가 정상치보다 감소된 상태를 말하는데, 철분이나 비타민 결핍, 조혈기관 질환, 실혈 등 다양한 원인이 있다. 증상은 피부, 점막, 손톱, 발톱 등이 창백해지고, 조금만 움직여도 가슴이 뛰면서 숨이 차며 쉽게 피로해진다. 그밖에 두통, 이명, 현기증 등이 동반된다.

【효과가 있는 약초약재藥草藥材】

● 녹용

혈압이 낮고 빈혈이 심할 때 녹용골수 15g을 알코올로 10일간 우려낸 다음 1회 7㎖씩 1일 3번 나눠 끼니 전에 복용하면 좋다.

● 삼지구엽초, 조뱅이

혈액순환과 보혈을 위해 삼지구엽초와 조뱅이 각 1.5kg을 달여 건더기를 건져내고 졸여 설탕(50% 당도)을 넣어 1회 50㎖씩 1일 3번 나눠 끼니 뒤에 복용하면 좋다.

● 당귀, 천궁

보혈작용을 위해 말린 당귀 20g을 천궁 10g을 섞어 만든 가루를 물과 술을 6대3의 비율로 섞어 달여 1일 3번 나눠 복용하면 좋다.

● 꿀

빈혈이 심할 때 꿀 80g을 3번 나눠 공복에 복용하면 된다.

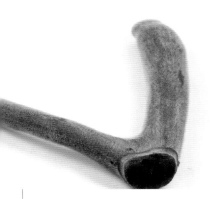

● 녹반, 콩

보통 빈혈에 녹반을 풀은 물에 콩 120g을 삶아 1회 40g씩 1일 3번 나눠 복용하면 효과가 있다.

● 선학초, 대추

혈액의 응고와 혈소판을 늘일 때 선학초 30g, 대추 8개를 물에 달여 1일 3번 나눠 끼니 뒤에 복용하면 좋다.

● 백급, 삼칠

백급과 삼칠 각 3g을 같은 양으로 섞어 가루로 만들어 1회 2g씩 1일 3번 나눠 끼니 뒤에 복용한다.

● 백하수오

백하수오 가루를 2g씩 1일 3번 나눠 복용하면 된다.

● 소간

건조시킨 소간을 분쇄기에 갈아 60℃에서 말려 40g을 1회 3번 나눠 복용하면 된다.

● 아교

다양한 빈혈, 출혈 때 아교 20g을 물 300㎖에 달여 1일 3번 나눠 끼니 전에 복용하면 된다.

자색반병이 있을 때

피부 내, 피부 밑, 점막 밑에 출혈이 나타나는 병을 통틀어 말하는데, 혈소판 감소, 혈액응고 기능의 이상과 혈관염, 중독, 알레르기, 골수, 감염성 질병이 원인이다. 급성으로는 어린이, 젊은 여성에게 많이 발병한다. 특징은 작은 상처에도 쉽게 피가 나고 코를 풀 때 코피나 칫솔질할 때 잇몸에서 피가 잘 난다.

【효과가 있는 약초약재藥草藥材】

● 영지
혈소판, 적혈구, 혈색소 양을 보충할 때 잘게 썬 영지 25g을 물에 달여 1일 3번 나눠 끼니 뒤에 복용하면 좋다.

● 감나무잎
빈혈증상을 개선할 때 말린 감나무잎 4g으로 만든 가루를 1회 2g씩 아침 저녁으로 나눠 복용한다.

● 대추나무껍질
출형성으로 판단되면 대추나무껍질 25g을 물에 달여 1일 3번 나눠 복용하면 좋다.

● 서각

잘게 부순 서각 3g을 물에 달여 1일 3번 나눠 먹는데, 이때 생지황 25g을 넣어 달여도 효과가 좋다.

● 땅콩속껍질

출혈이 보일 때 땅콩 알의 속껍질 6g을 가루로 만들어 1회 2g씩 1일 3번 나눠 공복에 복용한다.

● 감초, 생감초

약한 출혈일 때 감초와 생감초를 각 30g을 달여 1일 3번 나눠 복용하면 좋다.

백혈병이 있을 때

Dr's advice

피속 백혈구 성숙이 저해되고 약한 백혈구가 정상치보다 많아져 나타나는 종양성 질환을 말한다. 백혈병은 간, 신장, 지라 등에 침윤을 일으키고 빈혈까지 일으킨다. 증상은 안색이 창백해지면서 비장과 림프절들이 붓고 코피가 자주 나고 잇몸에서도 출혈이 있다.

【효과가 있는 약초약재藥草藥材】

● 일일초
일일초 15g을 달여 1일 3번 나눠 장복하면 효과가 있다.

● 감자 싹과 감자 꽃
말린 감자 싹이나 감자 꽃 2g을 가루로 만들어 2g씩 장복하면 된다.

● 청대
청대 5g을 달여 1일 3번 나눠 장복하면 효과가 좋다.

● 활나물
활나물 10g을 달여 1일 3번 나눠 장복하면 효과가 있다.

혈관질환의 질병

동맥경화증이 있을 때

Dr's advice

동맥의 벽에 지방이나 콜레스테롤 등이 침착되어 혈관이 좁아지면서 탄력을 잃고 나타나는 질환을 말한다. 이 질환은 노화의 하나인데, 예를 들면 혈류장애, 혈전형성, 출혈 등이며, 원인은 고지혈증, 고혈압, 비만, 당뇨병, 운동부족 등이다.

【효과가 있는 약초약재藥草藥材】

● 메밀
동맥경화예방과 치료에는 메밀 250g으로 묵을 만들어 1일 3번 나눠 2개월 동안 복용한다.

● 참대기름
동맥경화예방과 치료에 참대기름을 1일 20㎖씩 3번 나눠 끼니 뒤에 복용하면 좋다.

● 마늘
동맥경화증일 때 마늘 80g을 짓찧어 즙 80㎖을 1회 10㎖씩 1일 3번 나눠 복용한다.

● 콩
콜레스테롤수치가 높을 때 콩 25g씩 짓찧어 물에 달여 1일 3번 나눠 공복에 복용한다.

● 영지
콜레스테롤수치가 높고 혈압이 높을 때 가루 영지 6g을 물에 졸여 꿀에 섞어 1회 2g씩 1일 3번 나눠 복용하면 좋다.

● 결명자
콜레스테롤과 혈압이 높을 때 결명자 15g을 물에 달여 1일 3번 나눠 복용한다.

● 다시마, 검은콩
동맥경화예방에는 다시마 25g과 검은콩 25개를 볶아 물로 달여 1일 3번 나눠 끼니 뒤에 복용하면 좋다.

● 산사
콜레스테롤수치와 심장핏줄을 넓혀줄 때 산사를 40g을 달여 1일 3번 나눠 끼니사이에 복용하면 효과가 있다.

● 감나무 잎
고혈압과 동맥경화를 치료할 때 말린 감나무 잎 8g을 찻잔에 담아 끓는 물을 붓고 5분간 우려낸 다음 복용하면 된다.

● 홍화
관상동맥일 경우 홍화씨 15g을 가루로 만들어 1일 5g을 3번 나눠 복용하면 좋다.

● 쌀기름
동맥경화예방과 치료에 쌀기름 56㎖을 한 번에 복용한다.

고혈압이 있을 때

Dr's advice

표준수치 또는 정상수치보다 혈압이 높은 것을 말한다. 보통 최고 혈압이 160 수은주밀리미터(mmHg) 이상이거나, 최저 혈압이 95수은주밀리미터(mmHg) 이상의 경우를 고혈압이라고 한다. 원인은 고도의 정신적 긴장감, 짠 음식, 술, 담배 등과 관련이 있다. 증세는 잦은 두통, 머리 무거움, 이명, 뻣뻣한 목, 가슴 두근거림, 숨 가쁨, 손발 저림, 불면, 시력장애 등이다.

【효과가 있는 약초약재藥草藥材】

● 진달래꽃

고혈압일 때 말린 진달래꽃 9g으로 만든 가루를 1회 3g씩 1일 3번 나눠 복용하면 된다.

● 익모초

혈압이 높은 때 익모초 25g을 달여 1일 3번 나눠 끼니사이에 복용하면 좋다.

● 누리장나무

혈압이 높아질 때 잘게 썬 누리장나무 어린줄기 15g을 달여 1일 3번에 나눠 끼니사이에 복용하면 효과가 있다.

● 두충

고혈입이 지속될 때 잘게 선 두충나무껍질 15g을 달여 1일 3번 나눠 끼니사이에 복용하거나, 잘게 썬 두충 50g을 술(알코올 40%)에 넣어 20일간 우려내 1회 20㎖씩 1일 3번 나눠 끼니사이에 복용한다.

● 지렁이, 알코올

고혈압을 낮출 경우 말린 지렁이 60g을 술(알코올 60%)에 넣어 3일 담근

액을 1회 20㎖씩 1일 3번 나눠 끼니사이에 복용하면 좋다.

● 다시마

혈관벽에 콜레스테롤 흡착을 예방할 때 다시마 6g을 가루로 만들어 1회 2g씩 1일 3번 나눠 복용한다.

● 우황청심환

혈압이 높을 때 우황청심환을 다른 약과 함께 복용하면 두통이 사라진다.

● 산사

고혈압, 동맥경화, 심장쇠약증일 때 산사 30g을 물에 달여 1일 3번 나눠 끼니사이에 복용한다.

● 진교

여러 가지 고혈압에 진교 15g을 달여 1일 3번 나눠 끼니사이에 복용하면 좋다.

● 참대기름

고혈압으로 뇌출혈이 생기려고 할 때 참대기름 3g을 1일 3번 나눠 식후 2시간마다 복용하면 효과가 있다.

저혈압이 있을 때

Dr's advice

표준수치나 정상수치보다 낮은 혈압을 말하는데, 보통 최고혈압이 100수은주 밀리미터(mmHg) 이하 때이다. 저혈압은 본태성 저혈압과 증후성 저혈압으로 나뉜다. 본태성 저혈압은 별다른 원인 없이 체질적·유전적, 식물신경계통 기능이상, 내분비기능이 등으로 나타난다. 증후성 저혈압은 다양한 질병으로 나타나는데, 증상은 쉽게 피곤해지고 두통과 어지럽다.

【효과가 있는 약초약재藥草藥材】

● 녹용

녹용솜털을 불에 그슬려 제거한 다음 가루로 만들어 1회 2g씩 1일 3번 나눠 복용한다.

● 술

혈액순환에는 알코올 농도가 25%인 술을 1회 1잔씩 1일 2번 나눠 끼니 전에 복용한다.

● 영지

저혈압으로 빈혈이 생겼을 때 잘게 썬 영지 10g을 물에 달여 1일 오전과 오후로 나눠 복용한다.

● 인삼

가루인삼을 1회 2g씩 1일 3번 나눠 복용하면 혈압이 조절된다.

● 단너삼

혈액순환을 위해 단너삼 15g을 가루로 만들어 1회 5g씩 1일 3번 나눠 따뜻한 물에 타서 복용하면 된다.

● 만삼

적혈구와 혈색소가 부족할 때 만삼 18g을 가루로 만들어 6g씩 1일 3번 나눠 끼니 전에 복용하면 좋다.

● 오디

저혈압일 때 가루 오디 9g을 1회 3g씩 하루 3번 나눠 복용하면 효과가 있다.

결핵계통
질환의 질병

폐결핵이 있을 때

Dr's advice

폐에 결핵균이 침입해 발병하는 만성전염병을 말한다. 감염초기에는 거의 증상이 없지만, 병이 진행되면서 기침, 가래와 함께 피가 섞여 나오고 미열과 호흡이 곤란해진다. 이밖에 맥이 없고 식은땀이 나며 입맛이 떨어진다.

【효과가 있는 약초약재藥草藥材】

● 백급

백급 6g으로 만든 가루를 1회 2g씩 1일 3번 나눠 끼니 뒤에 복용하거나, 각혈 때는 1회 5g씩 미음에 타서 복용하면 된다.

● 은행, 식물성기름

1회 은행 20개를 식물성기름에 100일 동안 담가 어두운 곳에 두었다가 아침저녁으로 1알씩 복용하면 좋다.

● 뽕나무뿌리껍질

폐결핵으로 가래와 기침이 심할 때 마른 뽕나무뿌리껍질 10g을 달여 1일 3번 나눠 끼니 뒤에 복용하면 효과가 있다.

● 원추리뿌리

폐결핵 초기에는 원추리뿌리 12g을 달여 1일 3번 나눠 끼니 뒤에 복용한다.

결핵계통 동의보감 민간요법

● 황백(황경피나무껍질)

다양한 결핵균일 때는 황백(황경피나무껍질)3g을 가루로 만들어 1일 3번 나눠 끼니 뒤에 복용하면 된다.

● 너삼, 율무

폐결핵 초기일 때 너삼과 율무를 2대1의 비율로 섞어 가루로 만들어 1회 5g씩 1일 3번 나눠 끼니 뒤에 복용하면 된다.

● 대추, 진범

폐결핵과 부고환결핵일 때 진범 1.5kg을 솥에 넣어 물을 붓고 대추 3.5kg을 넣은 시루를 올려놓고 3시간을 끓여 익힌다. 익은 대추만 첫째 주엔 20개, 둘째 주엔 30개, 셋째 주엔 40개를 1일 3번 나눠 복용한다.

● 모려

폐결핵으로 나타나는 가래, 기침, 식은땀에는 모려 15g으로 만든 가루를 물에 달여 1일 3번 나눠 복용한다.

● 가막사리

폐결핵 초기엔 가막사리줄기와 잎 10g 달여 1일 3번 나눠 복용하면 된다.

골관절 결핵이 있을 때

Dr's advice

결핵균이 신체의 다른 부분에서 관절로 침입해 나타나는 질환을 말하는데, 등뼈, 넓적다리관절, 무릎관절 순으로 발병한다.
증상은 초기부터 국소통증, 운동장애, 근육위축 등이다. 병이 점점 진행되면 관절이 굳어 원활하지 못하고 피로, 미열, 식은땀이 나타난다.

【효과가 있는 약초약재藥草藥材】

● 황백(황경피나무껍질)

골관절결핵 초기일 대 황백(황경피나무껍질) 10g으로 만든 가루를 꿀에 개어 국소에 발라주면 된다.

● 박주가리뿌리

골관절결핵과 임파절결핵일 때 잘게 썬 박주가리뿌리 50g을 달여 1일 3번 나눠 소량의 술과 함께 복용하는데 3달을 치료해야 한다.

● 좀양지꽃

좀양지꽃 15g을 달여 1일 3번 나눠 복용하면 된다.

결핵계통 동의보감 민간요법

임파절결핵이 있을 때

Dr's advice

결핵균이 임파절에 침입해 발병하는 만성염증을 말하는데, 목에 나타나는 경우가 가장 많다. 초기엔 콩알 크기의 임파절들이 여러 개 만져지는데 통증이 없다. 병이 진행되면 임파절주위염을 일으켜 큰 덩어리로 뭉쳐져 움직여지지 않는다. 여기에 고름집이 생겨 터지면서 결핵성누공이나 궤양을 남기지만, 치료가 쉽지 않다. 증상은 입맛이 떨어지고 식은땀과 미열이 난다.

【효과가 있는 약초약재藥草藥材】
● 담뱃잎, 다시마, 복숭아나무진
담뱃잎 졸인 액 100g, 다시마 30g, 복숭아나무진 80g, 꿀 150g을 골고루 섞어 발병부위에 5일에 한번 바른다.

● 백급
백급가루를 곪은 부위를 넣고 천으로 막아 분비물이 적어지면 3일에 1번 꼴로 천을 갈아주면서 15번을 치료하면 된다.

● 할미꽃뿌리, 생강
잘게 썬 할미꽃뿌리와 생강 각 15g을 달여 1일 3번 나눠 끼니 뒤에 복용하면 된다.

결핵계통 동의보감 민간요법

● 현삼, 모려, 패모

현삼, 모려, 패모를 각 10g으로 만든 가루를 환으로 제조해 1회 10g씩 1일 3번 나눠 복용하면 좋다.

● 오디

오디 100g을 졸여 엿으로 만든 다음 1회 35g씩 1일 3번 나눠 끼니 뒤에 복용한다.

● 연교, 참깨

연교, 참깨가루를 섞어 1회 15g씩 1일 3번 나눠 복용하면 된다.

● 꿀풀(하고초), 감초

꿀풀(하고초)과 감초 가루를 6대1의 비율로 섞어 1회 7g씩 1일 3번 나눠 끼니 뒤에 복용한다.

● 솜양지꽃

솜양지꽃 50g을 달여 1일 3번씩 나눠 복용한다.

장결핵이 있을 때

Dr's advice

장관에 결핵균이 침입해 염증을 일으키는 것을 말하는데, 보통 폐결핵으로 인해 나타난다. 증상으로는 설사, 발열, 장협착 등이다. 초기엔 아무런 자각증상이 없지만, 병이 진행되면서 변비, 설사, 헛배, 오른쪽 아랫배 통증, 미열, 소화불량이 나타난다.

【효과가 있는 약초약재藥草藥材】

● 율무, 마타리, 부자

율무 30g과 마타리 8g, 법제한 부자 3g을 달여 2일 간격으로 1회 3번 나눠 복용한다.

● 마늘

장결핵 초기증상일 땐 마늘 80g을 짓찧어 즙을 만들어 물 100㎖로 희석시켜 1회 15㎖씩 1일 3번 나눠 복용하면 된다.

● 백급

백급가루를 1회 2g씩 1일 3번 나눠 복용하면 좋다.

● 너삼, 꿀
너삼뿌리 15g을 만든 가루를 꿀과 반죽해 환을 제조해 1회 5g씩 1일 3번 나눠 끼니 뒤에 복용한다.

● 황백(황경피나무껍질)
황백(황경피나무껍질) 9g을 가루로 만들어 1회 3g씩 1일 3번 나눠 끼니 뒤에 복용하면 효과가 있다.

신장결핵이 있을 때

결핵균이 신장에 침입해 발병하는 질환을 말하는데, 대부분은 편측성이다. 소변에 결핵균이 있는 고름이 섞여 나오고 심하게 되면 방광염으로 발전한다. 증상은 신체가 여위고 미열이 나며 나른하다. 그밖에 피로, 빈혈, 혼합감염일 때는 높은 열이 있다.

【효과가 있는 약초약재藥草藥材】
● 뽕나무뿌리껍질
잘게 썬 뽕나무뿌리껍질 21g을 달여 1회 7g씩 3번 나눠 복용하면 된다.

● 송라
송라 12g을 달여 1일 3번 나눠 복용하면 효과가 있다.

● 선인장
선인장 45g을 달여 1일 3번 나눠 복용한다.

● 말린 지네
말린 지네의 머리와 발을 제거하고 가루로 만들어 1일 3번 나눠 끼니 뒤에 복용한다.

● 측백 잎
측백잎 35g을 달여 1일 3번 나눠 복용하면 좋다.

결핵계통 동의보감 민간요법

부고환결핵이 있을 때

결핵균이 부고환에 침입해 발병하는 만성염증성 질병을 말한다. 증세는 고환 부위가 끌어당기는 듯 하거나 눌리는 듯 하다.

【효과가 있는 약초약재藥草藥材】

● 생강
생강을 2mm두께로 얇게 썬 것 7조각을 1일 1회 음낭부에 붙여 싸맨다.

● 창이자, 회향
창이자, 회향 각 20g을 달여 1일 3번 나눠 끼니 뒤에 복용한다.

● 호프
호프 가루를 1회 2g씩 1일 3번 나눠 공복에 복용한다.

● 쇠비름
쇠비름을 삶아 건더기를 버리고 걸쭉하게 졸인 다음 부위에 발라주면 된다.

난소결핵이 있을 때

Dr's advice

결핵균이 난소에 침입해 나타나는 만성염증성 질병을 말하는데, 만성적이기 때문에 급성은 거의 없다. 초기증상엔 미열, 입맛상실, 권태, 몸무게 감소 등이 나타날 수 있다. 이밖에 월경불순, 아랫배 통증, 어깨통증, 요통 등이다. 특히 불임까지 올 수가 있다.

【효과가 있는 약초약재藥草藥材】
● 익모초, 당귀, 향부자
익모초 40g, 당귀 30g, 향부자 30g을 섞어 만든 가루를 꿀에 개어 환으로 제조해 1회 5g씩 1일 3번 나눠 끼니사이에 복용하면 된다.

● 작약, 생강
잘게 썬 작약 50g과 마른 생강 10g을 물에 넣고 은근하게 달인 다음 건더기를 버리고 1회 7㎖씩 1일 3번 나눠 끼니사이에 복용한다.

● 포황
포황 2g을 1일 3번 나눠 끼니 뒤에 복용하면 된다.

● 목화씨
목화씨 13g을 달여 1일 3번 나눠 복용하면 효과가 있다.

피부결핵이 있을 때

결핵균이 피부나 피하에 침입해 나타나는 만성염증을 말하는데, 진정피부결핵과 결핵진가 있다. 초기엔 좁쌀이나 입쌀크기의 결핵결절이 생기고 병이 진행되면서 점점 퍼져나가 궤양으로 변한다.

【효과가 있는 약초약재藥草藥材】

● 너삼, 꿀
결핵성궤양에 너삼뿌리가루 20g을 꿀 60g에 섞어 발병부위에 발라준다.

● 황백(황경피나무껍질)
황백 9g을 가루로 만들어 1회 3g씩 1일 3번 나눠 끼니 뒤에 복용하면 효과가 있다.

결핵계통 동의보감 민간요법

비타민결핍증의
질환 질병

비타민 A 결핍증이 있을 때

Dr's advice

비타민 A의 섭취부족으로 나타나는 여러 가지 증상을 말하는데, 예를 들면 눈이나 상피조직(피부와 신체내벽을 이루고 있는 점막)과 관련된 여러 가지 장애를 일으킨다. 주요증상은 야맹증, 각막 건조증, 각막 연화증 등이다.

【효과가 있는 약초약재藥草藥材】

● 뱀장어
뱀장어를 구워 자주 섭취하면 좋다.

● 홍당무
홍당무 3개를 1일 3번 나눠 날것으로 먹거나 기름에 볶아서 먹는다.

● 삽주
삽주 20g씩 물에 달여 1일 3번 나눠 복용하면 효과가 있다.

● 결명자, 댑싸리씨

결명자와 댑싸리씨 각 20g을 달여 1일 3번 나눠 복용한다.

● 간유, 박하기름

간유 20g에 박하기름 2방울을 섞어 1일 2번 나눠 복용하면 된다.

● 짐승의 간

소, 양, 돼지, 어류 간에 양념을 첨가해서 복용하면 된다.

● 칠성장어

말린 칠성장어에 양념장을 발라 구워서 복용하면 된다.

비타민 B1 결핍증이 있을 때

비타민 B1이 부족하면 각기병에 걸릴 수가 있다. 병이 진행될수록 호흡이 가빠지고 심장도 나빠진다. 증상은 얼굴과 아랫다리가 붓는다.

【효과가 있는 약초약재藥草藥材】

● 팥

팥을 삶아낸 물 70㎖에 설탕 3g을 섞어 복용하면 좋다.

● 엿기름

엿기름가루 30g을 1일 3번 나눠 끼니 뒤에 복용하면 좋다.

● 밤

1회 10개씩 1일 3번 나눠 복용하면 효과가 좋다.

비타민결핍증 동의보감 민간요법

● 마늘, 총백(대파 흰뿌리)

각기병일 때 마늘과 총백(대파 흰뿌리)을 1일 20g씩 짓찧어 6번 나눠 복용하면 된다.

● 호박씨, 땅콩, 호두 살

호박씨, 땅콩, 호두 살을 같은 양으로 짓찧어 꿀에 반죽해 환을 만들어 1회 12g씩 1일 3번 나눠 끼니 뒤에 복용하면 된다.

● 검은콩

검은콩을 물에 불려 갈아서 콩국으로 먹거나 자주 밥에 콩을 넣어 먹어도 된다.

비타민 B2 결핍증이 있을 때

【효과가 있는 약초약재藥草藥材】

● 계내금, 엿기름

비타민 B2 결핍으로 소화불량일 때 계내금, 엿기름 가루 6g을 1일 3번 나눠 끼니 뒤에 복용한다.

● 메추리고기

메추리고기를 이용해 장조림으로 만들어 섭취해도 효과가 좋다.

● 차전초

차전초 30g을 1일 3번 나눠 복용하면 좋다.

● 꿀

비타민의 보고인 꿀을 1일 90g씩 3번 나눠 끼니사이에 복용하면 효과가 있다.

● 백모근

입안이 헐었을 때 백모근 30g에 달여 1일 3번 나눠 끼니 뒤에 복용하면 된다.

비타민결핍증 동의보감 민간요법

비타민 C 결핍증이 있을 때

【효과가 있는 약초약재藥草藥材】
● 갈퀴덩굴(팔선초)
갈퀴덩쿨 25g을 달여 1일 3번 나눠 복용하면 효과가 있다.

● 찔레나무열매
찔레나무열매살을 1회 2g씩 1일 3번 복용하면 된다.

● 솔잎
솔잎 35g을 달여 1일 3번 나눠
복용하면 좋다.

● 오미자
오미자 35g을 알코올(60%)에
담가 3일간 우려낸 다음 1회 3g
씩 1일 3번 나눠 복용한다.

● 대추
대추 7g을 물에 달여 1일 3번
나눠 복용하면 효과가 있다.

● 해당화열매
해당화열매 30g을 물에 달여 1일 2번 나눠 복용하면 좋다.

비타민 D 결핍증이 있을 때

Dr's advice

비타민 D 섭취부족으로 나타나는 영양장애이다. 증상은 어린이들의 구루병, 어른들의 뼈연화증, 뼈성김증이다. 이와 함께 설사, 기관지염, 테타니아 등이 동반될 수가 있다.

【효과가 있는 약초약재藥草藥材】

● 달걀껍질

약한 불에 볶은 달걀껍질 6g을 가루로 만들어 1회 2g씩 1일 3번 나눠 복용한다.

● 오징어뼈

말린 오징어뼈 9g을 가루로 만들어 1회 3g씩 1일 3번 나눠 복용하면 된다.

● 모려

말린 모려 12g을 볶아 가루로 만들어 1회 3g씩 1일 4번 나눠 복용하면 된다.

● 떡갈나무열매

떡갈비나무열매 6g을 삶아 말린 다음 가루로 만들어 1회 2g씩 1일 3번 나눠 끼니사이에 복용하면 된다.

비타민 PP 결핍증이 있을 때

비타민 PP 섭취부족으로 나타나는 영양장애로 펠라그라 질환이 생긴다. 증상은 피부증상, 소화기증상, 신경정신증상 등이 나타난다. 피부증상으로서 손발, 얼굴, 목 등에 좌우대칭으로 얼룩점이 생긴다.

【효과가 있는 약초약재藥草藥材】
● 다시마
다시마 200g을 물에 1시간동안 우렸다가 약한 불에 10분 정도 끓이다가 설탕 200g을 넣고 다시 한 번 끓여주다가 식물성기름 30g과 무 7g을 넣고 3분을 더 졸여 묵을 만든다. 묵을 1회 1개(20g)씩 1일 3번 나눠 끼니 전에 복용하면 효과가 좋다.

● 말린 새우
말린 새우 21g을 가루로 만들어 1회 7g씩 1일 3번 나눠 끼니 전에 복용하면 된다.

● 간유
피부증상, 신경증상일 때 간유 35g을 1일 3번 나눠 복용하면 된다.

● 땅콩
땅콩을 삶은 물이나 땅콩을 짓찧어 설탕을 가미해 1회 3큰 술씩 1일 3번 나눠 끼니 전에 복용하면 좋다.

● 오미자
오미자 25g을 달여 물마시듯 섭취해주면 좋다.

● 쇠비름, 팥
쇠비름을 짓찧어 짠 즙 35㎖에 팥을 삶은 물 120㎖를 희석해 여러 번 복용하면 좋다.

● 생지황
생지황을 짓찧어 짠 즙을 1회 20㎖씩 1일 3번 나눠 복용하면 효과가 있다.

● 쌀눈, 검은콩
쌀눈과 검은콩을 3대1의 비율로 섞은 다음 약한 불에 볶아 가루로 만들어 1회 4g씩 1일 3번 나눠 4개월간 복용하면 좋다.

내분비질환의 질병

당뇨병이 있을 때

Dr's advice

혈액 속에 포도당이 많아져 소변으로 당이 지나치게 많이 나오는 현상이 오랫동안 지속되는 병이다. 당분을 분해하는 인슐린이 부족해 나타나는 것으로 소변을 많이 배출하고 목이 마르며 쉽게 피로해진다. 병이 진행될수록 다양한 합병증을 유발한다. 혈당량은 빈속 때 130mg/dℓ 이상으로 높아지며 소변에 당이 섞여 나온다.

【효과가 있는 약초약재藥草藥材】
● 생지황
혈당을 낮추기 위해 생지황 즙을 1회 1숟가락씩 1일 3번 나눠 복용하면 좋다.

● 칡뿌리
칡뿌리즙 1회에 1숟가락씩 1일 3번 나눠 복용하거나, 칡뿌리와 총백(대파 흰뿌리) 각 10g을 달여 1일 2번 나눠 복용한다.

내분비질환 동의보감 민간요법

● 인삼
인삼을 9g씩 달여 1일 3번 나눠 복용하거나, 인삼가루를 2g씩 1일 3번 나눠 복용한다.

● 인삼, 지모, 석고
혈당을 낮출 때 인삼과 지모를 각 7g, 석고 6g을 섞어 달인 다음 1일 3번 나눠 끼니사이에 복용한다.

● 화살나무
인슐린 분비를 늘이는데 화살나무 7g을 달여 1일 3번 나눠 복용하면 된다.

● 생지황, 황련
혈당강하에 생지황 70g과 황련 7g을 1회분으로 물에 달여 1일 3번 나눠 복용한다.

● 하눌타리뿌리
하눌타리뿌리를 30g을 달여 1일 3번 나눠 복용하거나, 하눌타리뿌리로 만든 가루 3g을 1일 3번 나눠 복용해도 좋다.

● 우엉
잘게 썬 우엉 10g을 달여 1일 3번 나눠 끼니 뒤에 복용하면 된다.

갑상선항진증 이 있을 때

혈액 속에 갑상샘 호르몬이 과도하게 생기는 질환을 말한다. 증상은 물질대사가 과도하게 활발해져 갑상샘이 커지고 눈이 돌출된다. 또 심장이 빨리 뛰고 손끝이 떨리며 땀을 많이 흘린다. 특히 음식섭취가 많아도 체중이 줄어든다.

【효과가 있는 약초약재藥草藥材】

● 참듬북, 다시마
참듬북과 다시마가루 각 7.5g을 섞어 1회 5g씩 1일 3번 나눠 끼니 전에 복용하면 효과가 있다.

● 굴조개살, 듬북, 패모
굴조개살, 듬북, 패모가루 15g을 섞어 1회 5g씩 1일 3번 나눠 끼니 전에 복용한다.

● 패모, 연교
갑상선기능항진증이 심해 가슴이 답답하거나 두근거릴 때 패모, 연교 각 10g을 달여 1일 3번 나눠 복용한다.

● 다시마, 달걀
다시마를 먹인 닭의 알을 1회 1개씩 1일 3개를 끼니 전에 복용하면 효과가 있다.

요붕증이 있을 때

【효과가 있는 약초약재藥草藥材】
● 뽕나무겨우살이
갈증이 있을 때 뽕나무겨우살 9g을 가루로 만들어 1회 3g씩 1일 3번 나눠 끼니사이에 복용하면 된다.

● 칡뿌리, 인삼
갈증이 심할 때 칡뿌리와 인삼을 2대1의 비율로 섞어 가루로 만들어 1회 10g씩 1일 3번 나눠 달여 끼니 뒤에 복용하면 좋다.

● 생지황

소변양이 많거나 갈증이 심할 때 생지황 즙을 1회 30㎖씩 1일 3번 나눠 끼니 뒤에 복용하면 된다.

● 토사자

당뇨와 소변소태 때 토사자 14g을 달여 1일 3번 나눠 끼니 전에 따뜻한 물에 타서 10일 정도 복용하면 효과가 있다.

● 콩

삶은 콩을 맷돌에 간 다음 채로 걸러서 물대신 갈증이 날 때마다 복용하면 좋다.

기생충질환의 질병

회충질환이 있을 때

기생충 질환 동의보감 민간요법

Dr's advice

회충의 기생으로 인해 발생하는 질환을 말한다. 예를 들면 회충이 소장에 기생하면서 소화기계통장애를 일으킨다. 대변으로 배출되는 회충알은 온도와 습도가 알맞을 때 새끼벌레로 자라난다. 증상은 입맛이 떨어지고 기억력이 약해진다.

【효과가 있는 약초약재藥草藥材】

● 산토닌쑥

회충을 박멸할 때 산토닌쑥 15g에 12배의 물을 붓고 6시간 진하게 달인 다음 건더기를 건져낸다. 엑기스를 1회 30㎖씩 아침공복에 복용하면 된다.

● 담배풀열매

회충, 조충, 요충을 박멸할 때 담배풀열매 27g을 가루로 만들어 꿀과 반죽해 환을 만들어 1회 9g씩 1일 3번 나눠 끼니 1시간 전에 먹거나, 담배풀열매 가루를 1회 5g을 식초를 가미해 복용한다.

● 꿀

회충으로 배가 아플 때 꿀 35g을 뜨거운 물에 녹여 마시거나 감초 가루 6g을 꿀에 섞어 먹어도 된다.

● 볏짚

볏짚 900g에 물 6ℓ 를 붓고 1/3로 달인 다음 아침 공복에 마시거나, 여기에 산토닌 약 1알(0.02g)과 함께 복용해도 효과가 있다.

● 너삼

살충과 회충을 몰아낼 때 너삼 270g을 짓찧어 짠 즙을 80㎖씩 1일 3회 나눠 공복에 복용하면 된다.

● 호박씨

조충을 박멸할 때 볶은 호박씨를 1일 700g씩 공복에 복용하면 된다.

● 수박씨

회충과 조충을 박멸할 때 잘 볶은 수박씨를 1일 70g씩 복용한다.

십이지장충질환이 있을 때

기생충 질환 동의보감 민간요법

Dr's advice

십이지장충이 인체 내 십이지장에 침입해 피를 빨아먹기 때문에 빈혈이나 소화기증상을 일으키는 기생충질환이다. 민간에서는 채독이라고 한다. 소화기 증상은 메스꺼움, 설사, 변비, 입맛상실, 윗배 통증이 있다. 전신증상은 빈혈, 나른함, 어지럼, 숨 가쁨 등이다.

【효과가 있는 약초약재藥草藥材】
● **약명아주**
약명아주 18g을 가루로 만들어 1회 6g씩 1일 3번 나눠 복용하면 된다. 주의할 점은 복용할 때 기름기 음식을 섭취하면 중독이 된다.

● **괴싱아**
괴상아 15g을 달여 빈속에 복용한 다음 1시간 뒤에 설사약을 복용하면 된다.

● **담배풀열매**
담배풀열매 30g을 가루로 만들어 1회 6번 나눠 식초를 가미해 공복에 복용하거나, 담배풀열매 30g을 진하게 달여 자기 전에 복용한다.

● 마늘

마늘 10g을 술(알코올 농도 40%) 200㎖에 담가 6일 후에 1회 150㎖씩 1일 3번 나눠 복용한다.

● 매화열매, 초피나무열매

매화열매와 초피나무열매를 각 7.5g을 가루로 만들어 쌀가루 3g과 섞어 0.5g짜리 환으로 제조해 1회 10알씩 복용한다.

● 쇠비름

쇠비름 200g을 달인 물에 신초 30㎖와 설탕을 넣어 1일 2번 나눠 끼니 전에 복용한다. 연속 3일을 복용하고 12일 쉬었다가 다시 복용한다.

촌백충질환이 있을 때

Dr's advice

촌백충이 소장에 침입해 소화기증상을 일으키는 기생충질환을 말한다. 침입 경로는 입인데, 주머니새끼벌레가 살고 있는 쇠고기, 양고기, 돼지고기 등을 날것이나 덜 익혀 먹기 때문이다. 증상은 입맛상실, 배 통증, 메스꺼움, 허기증, 어지럼증, 두통, 불면증, 신경증 등이며 신체가 차츰 여위어진다.

【효과가 있는 약초약재藥草藥材】

● 호박씨
호박씨 200g을 빈속에 먹거나 설탕을 가미해 짓찧어 복용하기도 한다.

● 선학초
선학초 25g을 달여 1일 3번 나눠 끼니 뒤에 복용하면 효과가 있다.

● 범고비(면마)
범고비(면마) 15g을 달여 복용하거나 1일 3번 나눠 복용한다.

● 멀구슬나무껍질
멀구슬나무껍질을 25g을 달여 1일 3번 나눠 복용한다.

● 백부
백부 20g을 달인 물 20㎖를 주사기를 이용해 항문으로 넣어주면 효과가 좋다.

요충질환이 있을 때

Dr's advice

요충이 인체 내 소장과 대장에 침입해 살면서 항문 밖으로 나와 항문가려움증을 일으키는 기생충질환이다. 침입경로는 요충 알이 손, 음식, 장난감 등의 물건을 통해 입으로 들어간다. 증상은 항문가려움, 배 아픔, 설사, 메스꺼움, 입맛상실 등이다.

【효과가 있는 약초약재藥草藥材】

● 식초

식초 20㎖를 물에 타서 잠자리에 들기 전 주사기를 이용해 항문 안으로 주입시킨다.

● 마늘

마늘즙을 물에 희석시켜 항문 주위를 세척해주면 된다.

● 호박씨

호박씨 8g으로 짠 기름을 1회 8㎖씩 주사기를 이용해 항문으로 넣어주면 된다.

● 참기름

참기름을 면봉에 묻혀 항문 안으로 넣어주면 된다.

● 마늘, 된장

마늘에 된장을 발라서 구운 다음 1회 3쪽 1일 3번 나눠 끼니사이에 복용하면 좋다.

전염병계통의 질병

유행성 간염이 있을 때

Dr's advice

유행성간염바이러스가 간에 침입해 염증을 일으키는 급성전염병을 말한다. 전염경로는 오염된 손, 음식물, 물, 여러 가지 일상용품, 파리 등이다. 이밖에 바이러스를 보균자의 혈액이 사람 몸으로 주입될 때, 주사기나 의료 기구 등도 있다. 증상은 황달, 부종 등인데, 이때 소변색깔은 노란색이고 대변은 흰빛이 띤다. 어린이들은 소화불량, 나른함, 열 등의 증상이 따른다.

【효과가 있는 약초약재藥草藥材】
● 인진쑥
 인진쑥 25g을 달여 1일 3번 나눠 끼니 뒤에 복용하면 효과가 있다. 대추를 가미해서 달여 먹어도 좋다.

● 인진쑥, 백출
 잘게 썬 인진쑥과 백출을 각 9g을 달여 찌꺼기를 건져내고 엿처럼 졸여 1회 6g을 1일 3번 나눠 끼니 뒤에 복용하면 된다.

● 바위손, 마타리
 황달이 왔을 때 바위손 50g과 마타리 10g을 물에 달여 찌꺼기를 건져내고 25㎖씩 1일 3번 나눠 끼니 뒤에 복용하면 된다.

● 가물치
 돌림간염 초기 황달엔 가물치를 가루로 만들어 1회 7g씩 1일 3번 나눠 복용하거나 가물치로 국을 끓여 먹어도 된다.

● 참외꼭지
 참외꼭지 1.8g을 가루로 만들어 1회 0.2g씩 1일 3번 나눠 아침 끼니 뒤에 30분 간격으로 양쪽 콧구멍으로 3번 나눠 불어넣는다. 일주일 뒤에 다시 되풀이 하면 된다.

유행성 감기가 있을 때

Dr's advice

인플루엔자바이러스에 의해 일어나는 감기를 말하는데, 고열과 폐렴, 중이염, 뇌염 등의 합병증 등이 나타난다. 감염경로는 공기, 침방울, 바이러스가 묻은 물건, 식기 등을 접촉했을 때 옮는다.

【효과가 있는 약초약재藥草藥材】

● 마늘

 생마늘 2g을 1일 3번 나눠 끼니 뒤에 복용하거나 2g씩 씹어서 복용하면 좋다.

● 금은화, 연교

 열이 많을 때 금은화와 연교 각 7g을 달여 1회 3번 나눠 끼니 뒤에 복용하면 효과가 있다.

● 박하 잎
열과 두통이 있을 때 박하 잎 20g을 달여 1일 3번 나눠 끼니 뒤에 복용하면 좋다.

● 총백(대파 흰뿌리), 생강
열이 올라갈 때 총백(대파 흰뿌리) 5g과 생강 7g을 함께 짓찧어 끓는 물에 넣어 김을 입과 코에 쏘이면 좋다.

● 칡뿌리, 승마
칡뿌리와 승마 25g을 달여 1일 3번 나눠 끼니사이에 복용하거나 20g을 달여 1일 3번 나눠 복용해도 된다.

● 배, 마늘
기침이 심할 때 배 1개에 여러 개 구멍을 뚫어 손질한 마늘을 박아 물에 묻힌 습자지로 싼 다음 불에 구워 복용하면 된다.

● 생강, 술
열이 있을 때 생강 7g을 짓찧어 술 15㎖에 넣어 하루에 마시고 땀을 내면 낫는다.

백일해(백일기침)이 있을 때

Dr's advice

백일해균의 전염으로 발병하는 유아호흡기 전염병의 하나를 말한다. 1~2주 간의 잠복기를 거쳐 감기와 흡사한 증상을 보인다. 특히 2~6주간 경련성기침 발작이 되풀이되는데, 한번 걸리면 평생 동안 면역이 된다. 감염경로는 공기 와 침방울이며, 1~5살 어린이들에게 발병 확률이 높다.

【효과가 있는 약초약재藥草藥材】

● 백급
 기침이 심할 때 백급 가루를 1살 전 갓난아이는 0.2g 1살~3살 이전은 0.5g씩 1일 3번 나눠 먹이면 된다.

● 복숭아꽃
복숭아꽃1.5g을 가루로 만들어 1회 0.5g씩 1일 3번 먹이면 기침이 멈춘 다.

● 소열, 녹말, 설탕

기침이 오래가면 소열 200g, 녹말 200g, 설탕 400g을 골고루 섞어 2살 이전엔 0.5g, 2~5살 이전은 1g, 5살 이상은 2g을 1일 3번 나눠 먹인다.

● 천일홍

천일홍 5g을 달여 1일 3번 나눠 먹이면 효과가 있다.

● 알로에

가래와 기침이 있을 때 알로에 15g을 달여 찌꺼기를 건져내고 설탕을 가미해 1일 3번 나눠 먹인다.

● 패모, 지모

패모와 지모를 각 4.5g을 만든 가루로 환으로 제조해 1회 3g씩 1일 3번 복용하면 기침발작을 완화시켜준다.

홍역이 있을 때

Dr's advice

홍역바이러스에 감염되어 일어나는 급성 전염병을 말한다. 증상은 감기와 비슷하게 시작해 구강점막에 작은 백반이 나타나고 온몸에 붉은 발진(열꽃)이 돋는다. 봄철에 많이 발병하며 심하게 앓으면 흉이 남기도 한다. 전염병이다. 만약 돋았던 열꽃이 동시에 사라지면서 매우 위험한데, 이것을 홍역내공이라고 부른다.

【효과가 있는 약초약재藥草藥材】

● 달걀

열꽃을 더 피우려면 달걀흰자로 발병부위 전체를 빨갛게 될 정도로 비벼주면 된다.

● 지치뿌리

홍역 예방에 잘게 썬 지치뿌리 5g을 달여 1일 3번 나눠 먹이거나, 팥과 보리 삶은 물에 지치뿌리를 달여도 좋다.

● 칡뿌리, 승마

열꽃을 내리려면 칡뿌리와 승마를 각 12g을 달여 1일 3번 나눠 끼니 뒤에 먹인다.

● 승마, 연교, 우엉씨, 도라지

열을 내리고 기침을 멈추게 할 때 승마, 연교, 우엉 씨, 도라지를 각 2g을 가루로 만들어 1회 2g씩 1일 4번 나눠 끼니 뒤에 나눠 먹인다.

● 골등골나물

열꽃을 잘 피우게 할 때 골등골나물 5g을 달여 1일 3번 나눠 먹이면 된다.

● 고수

고수를 4g을 달여 1일 3번 나눠 먹이면 열꽃이 순조롭게 된다.

성홍열이 있을 때

Dr's advice

제2종 전염병의 하나로 대부분 어린아이에게 발병하고 대부분 가을과 겨울에 유행한다. 지금은 대도시에 연중으로 발생되기도 한다. 병원균은 연쇄상 구균이며, 증상은 갑자기 열이 나고 두통, 인두통과 함께 온몸에 작고 붉은 반점이 나타나며 혀가 부어 딸기모양이 된다.

【효과가 있는 약초약재藥草藥材】

● 지치뿌리
열을 내릴 때 잘게 썬 지치뿌리 5g을 달여 1일 3번 나눠 먹이는데, 이때 팥이나 보리 삶은 물로 달여도 좋다.

● 오리피
오리피 15㎖를 따뜻한 물에 타서 자주 먹이면 효과가 좋다.

● 승마, 칡뿌리
승마, 칡뿌리 각 12g을 달여 1일 3번 나눠 먹이면 열이 내린다.

● 우엉
우엉 10g을 짓찧어 짜낸 즙을 1일 3번 나눠 먹이면 열꽃을 잘 돋고 소변도 잘 나온다.

학질(말라리아)이 있을 때

Dr's advice

열대나 아열대에 서식하는 학질모기를 통해 옮기는 전염병을 말한다. 잠복기는 보통 1~3주며, 증상은 오한, 발열, 발한의 발작이다. 법정전염병으로 급성 발작에서 회복되지만, 만성화되면서 종종 재발한다.

【효과가 있는 약초약재藥草藥材】

● 시호
시호 18g을 달여 발작하기 2시간 전에 복용하면 오한과 발열이 낫는다.

● 상산
잘게 썬 상상 10g을 달여 1일 3번 나눠 끼니사이에 복용한다.

● 상산, 감초
상산 15g, 감초 5g을 달여 1일 3번 나눠 복용하면 된다.

● 수국
수국 15g을 달여 1일 3번 나눠 복용하면 효과가 있다.

알레르기 질환이 있을 때

Dr's advice

알레르기에 의해 나타나는 질환을 말하는데, 알레르기 비염, 천식, 두드러기, 화분증, 혈청병 등이다. 증상은 두드러기, 열꽃, 가려움, 열나기, 붓기 등이다.

【효과가 있는 약초약재藥草藥材】
● 백반, 식초
백반 35g을 식초 120㎖으로 달여 두드러기부위를 문지르면 가려움과 함께 치료된다.

● 쌀겨
쌀겨를 천주머니에 넣어 목욕할 때 두드러기부위를 문지르면 된다.

● 우유, 소금
끓인 우유 1.5ℓ에 소금 25g을 넣고 두드러기부위에 바르면 된다.

● 복숭아잎
잘게 썬 복숭아잎 30g을 알코올 300㎖에 2일을 담갔다가 찌꺼기를 걸러낸다. 걸러낸 물로 두드러기부위에 1일 3번씩 바른다.

장기질환의 질병

뇌출혈이 있을 때

Dr's advice

뇌 속에서 고혈압이나 동맥경화로 뇌의 혈관이 터져 피가 흘러나온 상태를 말한다. 증상은 갑자기 의식을 잃고 쓰러지고, 쓰러진 후에는 코를 골며 자는 것 같다가 사망하기도 한다. 출혈 부위에 따라 증상이 각기 다른데, 회복해도 반신불수나 언어장애 등이 나타난다. 이것을 한의학에서는 중풍이라고 부른다. 원인은 정신적·육체적 과로, 흥분과 변비로 변을 볼 때 힘을 써다가 순간적으로 혈압이 높아지는 것들이다.

【효과가 있는 약초약재藥草藥材】

● 사향

의식을 잃었을 때 보리알 크기의 사향을 코밑에 두어 숨을 들이쉴 때 콧구멍으로 들어가게 하거나, 0.2g을 술(알코올 농도 40%)에 풀어 1일 2번 나눠 먹인다.

● 삼향

삼향가루 0.3g을 코밑에 두어 숨을 들이쉴 때 콧구멍으로 들어가게 하거나, 0.5g을 술(알코올 농도 40%)에 풀어 1일 2회 나눠 먹이면 된다.

● 천마

뇌출혈후유증으로 반신불구, 팔다리가 저리면서 두통이 있거나, 언어장애가 왔을 때 천마 9g을 가루로 만들어 1회 3g씩 1일 3번 나눠 끼니 뒤에 먹인다.

● 주엽나무열매, 무

뇌출혈 후 가래와 언어장애가 왔을 때 주엽나무열매 1줌과 무 3개를 잘라 달여 1일 2번 나눠 끼니사이에 먹이거나, 주엽나무열매 가루를 1회 2g씩 1일 3번 나눠 먹이면 된다.

● 삼지구엽초

뇌출혈 후 혈압상승으로 손발을 마비됐을 때 삼지구엽초 40g을 모시주머니에 넣고 술(알코올 농도 30%)에 일주일을 담가 우려낸 술을 1회 50㎖씩 1일 3번 나눠 끼니사이에 먹인다.

● 우황청심환

우황청심환 1알을 따뜻한 물이나 술에 풀어서 먹이면 된다.

● 천남성, 용뇌

천남성가루 1.5g과 용뇌 0.9g을 섞어 환자 이빨에 20회 문질러주면 정신이 돌아온다.

● 조뱅이

뇌출혈의 일반정상일 때 조뱅이 180g으로 즙을 내어 1회 60㎖씩 1일 3번 나눠 끼니사이에 먹이면 효과가 있다.

● 솔잎
뇌출혈로 안면신경마비일 때 솔잎 80g으로 만든 즙을 술 400㎖에 넣어
12시간 후에 1회에 30㎖씩 1일 3번 나눠 끼니사이에 먹인다.

● 백반, 생강
뇌출혈 후 기절하고 언어장애가 왔을 때 백반가루 15g에 생강 15g을 넣어
달인 물을 1일 3번 나눠 먹이면 된다.

● 백강잠(흰가루병누에)
뇌출혈 후 혀가 굳어지면서 언어장애가 왔을 때 백강잠(흰가루병누에) 7
마리를 볶아 가루로 만들어 술을 타서 먹이면 좋다.

● 산사나무열매
뇌출혈로 언어장애가 왔을 때 산사나무열매 50g을 달여 1일 3번 나눠 먹
이면 된다.

전간(간질이나 발작)이 있을 때

Dr's advice

갑자기 온몸에 경련이나 의식장애 발작증세가 되풀이되는 질환을 발한다. 원인은 유전이나 뇌의 손상 등으로 추측하고 있다. 발작이 일어나면 갑자기 정신을 잃으면서 넘어져 온몸이 굳어지고 머리를 틀면서 눈이 위로 솟구친다. 다리가 뻣뻣해지고 주먹을 쥐면서 순간적으로 숨이 멎어 얼굴과 입술은 새파래진다. 이런 발작이 20~40초가량 지속되다가 온몸을 떨면서 입에서 거품을 품어낸다. 발작이 중단되면 모든 것이 정상적으로 돌아온다.

【효과가 있는 약초약재藥草藥材】

● 붕사, 주사, 우황
붕사 20g, 주사 4g, 우황 0.2g을 가루로 만들어 꿀에 섞어 환으로 제조해 1회 2g씩 1일 3번 나눠 끼니 뒤에 복용한다.

● 천마
천마 10g을 물에 달여 1일 3번 나눠 복용하면 몸이 오그라드는 것을 막아준다.

● 매미허물
날개와 다리를 제거한 매미허물 5개를 가루로 만들어 1일 3번 나눠 끼니 뒤에 복용하면 진정된다.

● 길초근, 귤껍질
길초근 15g, 귤껍질 10g을 달여 1일 3번 나눠 끼니사이에 장기복용하면 발작을 예방할 수 있다.

● 백강잠(흰가루병누에), 족두리풀

백강잠(흰가루병누에)과 족두리풀을 2대4의 비율로 섞어 가루로 만들어 꿀을 섞어 환으로 제조해 1회 4g씩 1일 3번 나눠 끼니 뒤에 복용하면 좋다.

● 아주까리뿌리, 달걀, 식초

발작예방에 달걀 1개를 깨어 끓이다가 아주까리뿌리 80g과 식초 15㎖를 넣고 다시 달인 물을 1일 5번 나눠 복용한다.

히스테리가 있을 때

Dr's advice

첫째 정신적 원인에 의해 일시적으로 나타나는 병적인 흥분상태를 말한다. 증세는 자기중심적이면서 항상 남의 이목을 집중시키려 하고, 오기와 감정의 기복이 심하다. 둘째 정신적 원인으로 나타나는 신경증의 하나로 욕구불만으로 지각장애, 운동마비, 경련 등을 일으킨다. 병증이 심해지면 실신과 기억상실 등도 나타난다.

【효과가 있는 약초약재藥草藥材】
● 기린초, 꿀, 돼지염통
돼지염통 1개와 기린초를 넣고 끓인 다음 꿀을 풀어 돼지염통이 잠기도록 붓고 쪄서 염통만 건져 2번 나눠 복용한다.

● 대추, 감초, 밀
대추 5개, 구감초 30g, 밀 100g을 달여 1일 3번 나눠 복용하면 효과가 있다.

● 산조인
흥분을 가라앉히고 잠일 잘 오지 않을 산조인 20g을 달여 1일 3번 나눠 끼니 뒤에 복용하면 된다.

● 가는기린초
가는기린초 70g을 달인 물에 돼지염통을 넣고 삶아 한 달을 복용하면 효과가 있다.

● 길초근
길초근 30g을 달여 1일 3번 나눠 끼니 뒤에 복용하면 정신적 흥분이 억제된다.

정신분열증이 있을 때

Dr's advice

현실에 적응하지 못하고 사고장해, 감정과 의지의 이상을 가져오는 질환을 말한다. 청년기에 많이 발생하는데, 조발형, 긴장형, 망상형 등으로 분류된다. 원인은 정확하게 밝혀지지 않았지만 중독, 감염, 자기면역, 내분비장애, 심인성, 유전 등으로 추측하고 있다. 증상은 불안, 공포, 두통, 불면증, 입맛상실, 나른함 등이다.

【효과가 있는 약초약재藥草藥材】
● 연꽃열매

연꽃열매 15g으로 가루를 만들어 1회 5g씩 1일 3번 나눠 따뜻한 물에 타서 끼니사이에 복용하거나, 연꽃열매 25g을 달여 1일 3번 나눠 끼니사이에 복용하면 불면증이 해소된다.

● 측백씨

쪄서 말린 측백씨 9g의 속 껍질을 벗긴 다음 볶아서 1회 3g씩 1일 3번 나눠 따뜻한 물에 타서 끼니사이에 복용하면 불안초조가 해소된다.

● 측백씨, 산조인

불안초조로 잠이 짧고 꿈이 많을 때 측백씨와 산조인 각 4.5g을 가루로 만들어 1회 3g씩 1일 3번 나눠 끼니사이에 복용하면 효과가 있다.

● **길초근, 귤껍질**

길초근 15g, 귤껍질 8g을 달여 1일 3번 나눠 복용하면 반사성 흥분과 불안초조가 치료된다.

● **울금, 백반**

울금과 백반을 7대3의 비율로 섞어 가루로 만들어 1회 5g씩 1일 3번 나눠 물에 타서 끼니사이에 복용하면 좋다.

● **석창포**

석창포 6g을 가루로 만들어 1회 2g씩 1일 3번 나눠 돼지염통을 삶은 물에 타서 끼니사이에 복용하면 정신이 맑아진다.

신경쇠약증이 있을 때

Dr's advice

신체나 정신의 만성적인 쇠약과 피로와 신체 여러 부위의 동통을 특징으로 하는 증후군을 말한다. 내적자극과 외적자극에 과민하게 반응하고 피로감, 불면증, 현기증, 수전증, 기억력 감퇴 등의 증상이 동반될 수가 있다. 원인은 지친 정신피로, 머리외상, 만성질병, 내분비장애, 다양한 중독 등이다.

【효과가 있는 약초약재藥草藥材】

● 산조인
불면증과 잘 놀라서 가슴이 두근거리고 현기증일 때 산조인 20g을 달여 1일 3번 나눠 끼니 뒤에 복용한다.

● 백지뿌리, 소골
두통과 정신 줄이 희미할 때 백지뿌리 15g을 가루로 만들어 소골 40g과 함께 쪄 1일 2번 나눠 복용하면 된다.

● 영지
두통, 불면증, 피로, 현기증, 가슴이 답답할 때 영지 15g을 달여 1일 2번 나눠 끼니사이에 복용한다.

● 길초근

가슴 두근거림, 불면증이 동반되는 신경쇠약증일 때 길초근 15g을 달여 1일 3번 나눠 끼니 뒤에 복용하면 좋다.

● 솔잎, 박하잎

깊은 잠을 원할 때 그늘에서 말린 솔잎과 박하 잎을 9대1의 비율로 섞어 베개 속에 넣어 항상 베고 자면 효과가 있다.

● 고본

두통일 때 고본 7g을 가루로 만들어 1일 3번 나눠 언제든지 복용하거나 고본 10g을 달여 1일 3번 나눠 먹으면 좋다.

● 애풀

불면증일 때 애기풀 25g을 달여 잠자리에 들기 전에 복용하면 효과가 있다.

건망증이 있을 때

Dr's advice

기억장애의 하나로 보고 들은 일을 전혀 기억하지 못하거나 드문드문 기억하거나 조금 전의 일을 기억하지 못하는 증상을 말한다. 원인은 뇌수의 위축성 병변에 진행성 지능장애이다. 증상은 불면증, 가슴 두근거림, 기억을 하지 못하는 것 등이다.

【효과가 있는 약초약재藥草藥材】

● 인삼가루, 흰복령가루
기억력이 감퇴됐을 때 인삼과 흰복령가루를 1회 1일 3번 나눠 끼니사이에 복용한다.

● 흰복령, 원지, 석창포뿌리
불면증과 건망증이 심할 때 흰복령과 원지 각 5g을 감초 5g 달인 물에 넣고 끓여 석창포뿌리 5g을 넣고 계속 달인 다음 1일 여러 번 나눠 복용하면 된다.

● 창포
잠이 오지 않고 정신이 혼미할 때 창포 10g을 가루로 만들어 술에 타서 마시면 된다.

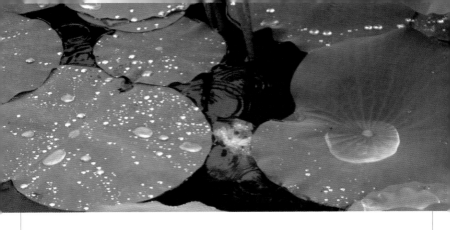

● 연꽃열매

잠이 오지 않을 때 연꽃열매 속씨 15g을 가루로 만들어 입쌀 30g으로 묽게 쑨 죽에 섞어 복용하면 효과가 있다.

● 측백씨, 원지

현기증, 이명, 약한 건망증일 때 측백씨 70g과 원지 40g을 섞어 가루로 만들어 1회 3g씩 1일 3번 나눠 끼니사이에 복용한다.

● 향부자, 복숭아씨

머리를 다쳐 혼미하고 건망증이 심할 때 향부자 15g과 복숭아씨 7g을 달여 1일 2번 나눠 끼니사이에 복용하면 된다.

폐와 기관지
질환의 질병

기관지염이 있을 때

Dr's advice

기관지의 점막에 발생하는 염증을 말한다. 급성은 바이러스 등으로 나타나면서 심한 기침과 가래가 동반된다. 만성은 흡연, 대기 오염 등 장기간에 걸친 나타난다. 급성 기관지염 때는 열과 마른기침이 있다가 점점 가래가 생기면서 가래 끓는 소리가 난다. 기침이 심하면 가슴 통증과 함께 숨이 차면서 입맛이 떨어지고 두통이 나타난다. 만성 기관지염 때는 찐득거리는 가래 소량이 목에 붙어 잘 떨어지지 않는다.

【효과가 있는 약초약재藥草藥材】

● 오미자

기침이 심할 때 오미자 30g을 달여 1일 3번에 나눠 끼니 뒤에 따뜻하게 해서 복용한다.

● 오미자, 족두리풀

가래와 기침과 호흡이 어려울 때 오미자 7g, 세신 2.5을 달여 1일 3번 나눠 끼니 뒤에 복용하면 효과가 있다.

● 물달개비, 꿀

기침이 날 때 물달개비 20g을 달여 찌꺼기를 건져내고 꿀 15g을 가미해 5분을 더 달여 1일 2번 나눠 끼니사이에 복용하면 된다.

● 백부

만성기관지염과 가래, 기침이 심할 때 백부 10g을 달여 찌꺼기를 건져내고 꿀을 가미해 1일 2번 나눠 끼니 뒤에 복용하면 효과가 있다.

● 산도라지, 율무

급성기관지염으로 가래가 많을 때 산도라지 25g과 율무 25g을 달인 다음 설탕을 가미해 1일 3번 나눠 끼니 뒤에 복용한다.

● 일지향(산꼬리풀)
일지향(산꼬리풀) 10g을 달여 1일 3번 나눠 끼니 뒤에 복용하면 좋다.

● 은행, 차조기잎
급성 기관지염으로 열과 기침이 날 때 말린 은행과 차조기잎 각 9g을 섞어 가루로 만들어 꿀과 반죽해 1회 6g씩 1일 3번 나눠 끼니 뒤에 복용한다.

● 살구씨, 설탕
기침이 심할 때 살구씨와 설탕 각 48g을 섞어 짓찧은 다음 1회 8g씩 1일 3번 나눠 끼니 뒤에 4일 동안 복용하면 된다.

● 마황, 살구씨, 감초
가래와 기침이 있을 때 마황 2g, 살구씨 3g, 감초 2g을 달여 1일 3번 나눠 끼니 뒤에 복용하면 효과가 있다.

● 두부, 설탕
두부 1모 속을 판 다음 그 속에 설탕 15g을 넣고 솥으로 쪄 3번 나눠 복용하면 된다.

폐렴이 있을 때

Dr's advice

허파를 이루는 대엽에는 염증이 퍼지지 않고 하나하나의 기관지에 대응하는 정도의 좁은 범위에 염증을 일으키는 가벼운 질환을 말한다. 치료시기를 놓치면 대엽성 폐렴으로 진행되어 증상이 심해질 수가 있다. 원인은 돌림감기, 기관지염, 대술 후, 외상, 중병으로 장기간 앓아누웠을 때 많이 발병한다. 일반적인 증상은 열나기, 기침, 가래, 숨 가쁨 등이다.

【효과가 있는 약초약재藥草藥材】

● 금은화, 연교
염증과 열을 내릴 때 금은화꽃과 연교 각 10g을 달여 1일 2번 나눠 끼니 뒤에 복용한다.

● 마늘
폐의 염증을 제거할 때 마늘 50g을 짓찧어 낸 즙을 물을 희석시켜 50㎖을 만들어 1회 15㎖씩 1일 5번 끼니 뒤에 복용한다.

● 선인장
폐렴초기증상 때 선인장 45g을 짓찧어 낸 즙에 꿀을 가미해 1회 15㎖씩 1일 3번 끼니 뒤에 복용하면 된다.

● 주엽나무열매
심한 기침과 숨이 찰 대 주엽나무열매 21g을 가루로 만들어 1회 7g씩 1일 3번 끼니 뒤에 복용하면 효능이 있다.

폐농양이 있을 때

Dr's advice

화농균, 아메바, 진균 등에 의해 폐의 조직에 화농이나 괴사성 종류가 생기는 질환을 말한다. 폐렴, 폐종양 등이나 기관지폐렴을 앓고 난 뒤에 나타나면서 열이 나고 고름이 섞인 가래가 나온다. 증상은 처음엔 춥고 떨리면서 감기처럼 앓는다.

【효과가 있는 약초약재藥草藥材】

● 금은화, 연교

염증과 열내림에는 금은화와 연교를 각 15g씩 달여 1일 3번 나눠 끼니 뒤에 복용하면 된다.

● 정력자, 대추

초기증상엔 정력자와 대추를 각 10g을 달여 1일 3번 나눠 끼니 뒤에 복용하면 된다.

● 율무

고름가내나 피가래가 나올 때 율무가루 50g으로 죽을 쒀 복용하면 효과가 있다.

● 아카시아나무씨

초기 가래와 열을 내릴 때 아카시아나무씨 0.2g을 가루로 만들어 따뜻한 물에 타서 빈속에 복용하면 된다.

● 쇠비름

열과 고름가래일 때 쇠비름 70g을 물 1사발을 붓고 30분 달인 다음 찌꺼기를 건져내고 엿처럼 졸여 1일 3번 나눠 끼니 뒤에 복용한다.

기관지천식이 있을 때

Dr's advice

기관지에서 발작적으로 나타나는 경련성수축으로 숨을 내쉬기 힘든 숨 가쁨 질환이다. 원인은 완전히 밝혀지지는 않았지만, 대부분한 알레르기반응으로 추측하고 있다. 예를 들면 어류, 짐승 털, 다양한 약물, 꽃가루, 곡식가루 등이 알레르기성반응을 일으키는 항원물질이다. 증상은 발작성 숨 가쁨, 기침, 식은땀, 입술, 코끝, 뺨이 창백해진다.

【효과가 있는 약초약재藥草藥材】

● 마황, 도라지

기래, 숨 가쁨, 기침이 날 때 마황 5g과 도라지 10g을 달여 설탕을 가미해 1일 2번 나눠 끼니 뒤에 복용하면 된다.

● 세신, 마황

천식일 때 세신 15g, 마황 8g을 달여 1일 3번 나눠 끼니 뒤에 복용하면 좋다.

● 살구씨, 들깨

기침을 멈추고 가래를 삭일 때 살구씨 12g과 들깨 2g을 섞어 가루로 만들어 1회 78g씩 1일 3번 나눠 끼니 뒤에 복용하면 된다.

● 주엽나무열매

가래를 삭이고 기침을 멈추게 할 때 주엽나무열매 가루를 꿀에 반죽해 콩알 크기의 환으로 만들어 1번 3알씩 1일 3번 나눠 끼니 뒤에 복용한다.

● 아카시아나무씨

아카시아마누씨 11.8g을 가루로 만들어 1회 0.6g씩 1일 3번 나눠 끼니 뒤에 복용한다.

● 마가목열매

기침과 가래가 심할 때 마가복열매 36g을 달여 찌꺼기를 건져내고 찐득하게 졸인 다음 1회 12g씩 1일 3번 나눠 끼니 뒤에 복용한다.

● 정력자

꽃다지 12g을 가루로 만들어 1알 1g으로 환을 제조해 1회 4알씩 1일 3번 나눠 끼니 뒤에 복용한다.

● 정력자, 대추

가슴이 답답하고 숨이 찰 때 정력자와 대추 각 10g을 달여 1일 3번 나눠 끼니 뒤에 복용한다.

● 오리, 율무, 살구씨

초기증상일 때 오리 1마리를 고아 뼈를 발라내고 율무 150g과 살구씨 30g을 함께 짓찧어 죽을 쑨 다음 1일 5번씩 5일간 복용하면 된다.

● 살구씨, 호두

노인의 노래된 천식일 때 살구씨와 호두가루 각 4.5g을 꿀과 반죽해 생강 달인 물과 1회 3g씩 1일 3번 나눠 끼니 뒤에 복용한다.

가슴막염(늑막염)이 있을 때

외상이나 결핵균 감염으로 인해 폐의 표면과 흉곽내면을 싸고 있는 막에 생기는 염증질환을 말한다. 증상은 열이 나고 추우며 가슴에 통증을 느끼고 호흡 곤란이 나타난다. 이 질환은 물이 고이는 습성 가슴막염과 물이 고이지 않는 건성 가슴막염이 있다.

【효과가 있는 약초약재藥草藥材**】**

● 옥수수수염, 차전자

물을 배출시킬 때 옥수수수염 1.5과 차전자 60g에 물 2ℓ 를 1ℓ 의 양으로 달여 1회 80㎖씩 1일 3번 나눠 끼니 뒤에 복용한다.

● 은행나무껍질, 금은화

가래, 기침이 날 때 은행나무껍질 20g과 금은화 25g을 달여 1회 3번 나눠 끼니 뒤에 복용하면 좋다.

● 민들레, 금은화

염증을 가라앉힐 때 민들레와 금은화를 각 25g에 물 600㎖를 붓고 300㎖로 달여 1일 3번 나눠 끼니 뒤에 복용한다. 찌꺼기는 데운 다음 통증부위에 찜질한다.

● 선인장

금성 가슴막염일 땐 선인장 120g을 짓찧어 낸 즙에 꿀 10g을 섞어 1일 3번 나눠 끼니 전에 먹는다.

심장
질환의 질병

심장판막증이 있을 때

Dr's advice

심실에서 심방으로 동맥에서 심실로 혈액이 거슬러 흐르지 않게 막는 판막의 기능에 이상이 생겨 나타나는 질환을 말한다. 증상으로는 가슴이 심하게 뛰어 울렁거리고 맥박이 불규칙하며, 몸이 붓거나 피로감, 호흡곤란 등이 나타난다.

원인은 판구협착과 폐쇄부전으로 나타나는데, 거의 류머티즘성 심내막염으로 생기고 그밖엔 세균성 심내막염, 동맥경화증, 외상 등으로도 나타난다.

심장질환 동의보감 민간요법

【효과가 있는 약초약재藥草藥材】

● 은방울꽃

은방울꽃 0.6g을 가루로 만들어 1회 0.2g씩 1일 3번 나눠 끼니 뒤에 먹거나, 1.2g을 달여 1일에 3번에 나눠 끼니 뒤에 복용하면 된다. 극약이기 때문에 양을 정확하게 지켜야 한다.

● 은방울꽃, 삼지구엽초

은방울꽃 1.2g과 삼지구엽초 16g을 물 700㎖에 2시간 달여 찌꺼기를 건져내고 15㎖로 졸여 1회 2㎖씩 1일 3번 나눠 끼니 뒤에 복용하거나, 가루로 만들어 1회 1g씩 하루 3번 나눠 끼니 뒤에 복용하면 효과가 있다.

● 은방울꽃, 산조인

가슴 두근거림, 숨이 찰 때 은방울꽃과 산조인을 1대10의 비율로 섞어 가루로 만들어 1회 2g씩 1일 3번 나눠 끼니 뒤에 복용하면 좋다.

● 칡뿌리

심장동맥에 혈액 양을 늘일 때 칡뿌리 12g을 달여 1일 3번에 나눠 끼니사이에 복용하면 효과가 좋다.

● 천궁, 홍화

진정작용과 혈관확장작용, 심장수축력을 높일 때 천궁과 홍화를 각 12g을 달여 1일 3번에 나눠 끼니 뒤에 한 달간 복용한다.

● 인삼

인삼 9g을 가루로 만들어 1회에 3g씩 1일 3번 나눠 끼니 뒤에 복용하면 심장동맥의 혈액순환 양을 늘릴 수 있다.

심근염이 있을 때

Dr's advice

심장 벽을 이루는 심근에 나타나는 염증을 말한다. 증상은 심장박동 수가 고르지 못하거나 잦은 맥박, 호흡촉진, 호흡곤란, 가슴통증 등이 나타난다. 보편적으로 류머티즘 열, 디프테리아, 폐렴, 성홍열, 장티푸스, 패혈증, 수막염 등이 진행 중일 때나 회복기에 많이 발병한다.

【효과가 있는 약초약재藥草藥材】

● 산사

혈액순환을 원활하게 해줄 때 산사 15g을 가루로 만들어 1회 5g씩 1일 3번 나눠 끼니사이에 복용하거나 산사 열매 40g이나 꽃 10g을 달여 1일 3번 나눠 끼니사이에 복용하면 좋다.

● 은방울꽃, 삼지구엽초

은방울꽃과 삼지구엽초 각 1.2g을 가루로 만들어 1회 0.8g씩 1일 3번 나눠 끼니 뒤에 먹으면 좋다.

● 선학초

감심작용이 있는 선학초 20g을 달여 1일 3번에 나눠 끼니사이에 복용하면 좋다.

● **주사, 달걀**

가슴이 뛰고 답답할 때 달걀 끝에 구멍을 뚫어 주사 1g을 넣고 구멍을 막고 삶아 끼니 뒤에 1회 1알씩 1일 3번 나눠 15일간 복용하면 효과가 있다.

● **연꽃열매**

부정맥이 나타났을 때 15g을 달여 1일 3번 나눠 끼니사이에 먹으면 좋다.

● **깨풀**

심장병으로 몸이 붓고 소변양이 적을 때 깨풀 1.8g을 가루로 만들어 1회 0.6g씩 1일 3번 나눠 끼니 뒤에 복용하면 된다.

● **백하수오(백수오)**

백하수오 21g을 가루로 만들어 1회 7g씩 1일 3번 나눠 따뜻한 물에 타서 끼니사이에 먹거나 꿀로 반죽해 1알을 0.3g으로 만들어 1회 25알씩 1일 3번 나눠 끼니사이에 복용한다.

● **우슬초**

우슬초를 20g을 달여 1일 3번 나눠 먹으면 효과가 있다.

뼈와 근육질환의
질병

생손앓이(표저)이 있을 때

Dr's advice

손톱이나 발톱 밑에 곪는 균이 침입해 벌집모양의 조직이 생겨 몹시 아픈 화농성염증이다. 증상 초기는 벌겋게 붓고 화끈하며 시간이 지날수록 쿡쿡 쏘면서 몸살을 앓는다.

【효과가 있는 약초약재藥草藥材】

● 달걀, 식초

초기 생손앓이일 때 달걀 1개를 준비해 한 쪽 끝에 손가락 굵기의 구멍을 뚫고 흰자를 조금 쏟아 내고 식초 25㎖를 넣는다. 곧바로 아픈 손가락을 구멍 깊숙이 끼우는데, 1회 1시간씩 2번을 반복하면 빨리 곪아 터진다.

● 유피, 유근피

통증과 염증이 생겼을 때 유피 21g과 유근피 7g을 섞어 물에 달인 다음 건더기는 건져내고 또다시 진하게 졸여 부위에 1일 3번 발라주면 낫는다.

● 두꺼비가죽

통증과 붓기가 있을 때 말린 두꺼비겉껍데기 1개를 부위에 동여매면 해결이 된다.

● 선인장(또는 알로에잎)

초기염증과 통증, 곪았을 때 선인장(알로에잎)을 짓찧어 부위에 동여매주면 낫는다.

● 황백(황경피나무껍질)

염증이 있을 때 홍백(황경피아무껍질) 가루 12g을 꿀에 개어 부위에 발라 동여매면 효과가 좋다.

골수염이 있을 때

뼛속이 곪는 병인데, 세균감염으로 생기는 골수염증으로 주로 화농균으로 발생한다. 긴뼈의 중간부에 발병하기 쉽고 격통과 고열이 동반된다. 결핵균으로 발병되면 카리에스로 불리는데, 척추골이나 늑골 등에 발생한다. 원인은 피부 화농성 질병, 중이염, 근염 등을 앓을 때 화농균이 핏줄을 통해 뼛속으로 들어간다. 초기증상은 높은 열과 염증이 생긴 뼈에 통증이 있고 점차 부어오르면서 살갗이 벌겋게 된다. 경과되면 곪은 부위가 터지면 고름이 나오면서 열이 내리고 통증도 감소된다.

【효과가 있는 약초약재藥草藥材】

● 독미나리뿌리, 달걀

염증과 통증이 있을 때 독미나리뿌리가루 20g을 달걀흰자로 개어 1일 4번 부위에 바르면 멎는다.

● 왕지네

염증, 통증, 카리에스일 때 머리와 발을 제거해 불에 말린 왕지네로 만든 가루 2.4g을 꿀에 개어 1일에 0.4g짜리 환으로 제조해 1회 2알씩 1일 3번 나눠 끼니 뒤에 복용하면 가라앉는다.

● 호장근

분비물이 작고 누공이 장기간 아물지 않을 때 잘게 썬 호장근 120g에 알코올(70%) 320㎖을 붓고 15일간 우려내 물에 약천심지 적셔 소독한 누공에 3일에 한 번씩 갈아 끼워주면 된다.

● 달걀흰자, 황백(황경피나무껍질)

붓고 통증이 있을 때 달걀흰자 1개에 황백(황경피나무껍질)가루 12g과 식초 적당량을 넣고 갠 다음 기름종이에 발라 부위에 1일 3번씩 갈아주면서 붙이면 된다.

욕창이 있을 때

Dr's advice

장기간 병상에 누워있는 환자의 피부나 피부 밑의 조직이 계속 눌려져서 혈액 순환이 제대로 되지 않아 피부, 피하지방, 근육의 허혈로 발생하는 궤양이다. 초기증상은 피부가 벌겋게 되다가 피부가 거멓게 죽어가고 더 진행되면 피부 자체가 떨어지면서 헌다. 이곳에 병균이 침입해 피부가 곪는다.

【효과가 있는 약초약재藥草藥材】

● 술

초기 욕창이나 발생하려고 할 때 술(50%) 1ℓ 에 물을 1/2를 희석시켜 부위를 닦아주고 가볍게 문질러주면 된다.

● 하눌타리뿌리

욕창이 있을 때 하눌타리뿌리가루 7g을 부위에 1일 3회 7일간 발라주면 낫는다.

● 홍화

욕창이 심할 때 홍화 300g 을 물 2ℓ 로 달여 건더기를 건져내고 또다시 3시간을 진하게 졸여 천에 골고루 편 다음 격일에 한 번씩 부위에 붙여주면 된다.

하퇴궤양이 있을 때

종아리에 생긴 궤양으로 피부가 헐고 패이면서 잘 낫지 않는 것이 특징이다. 원인은 다리정맥의 혈액순환이 원활하지 않아 피가 몰려 나타나는 영양장애이다. 궤양주변은 굳고 돌출되어 있으며, 밑바닥이 매끈하고 농태로 덮여있으며 검붉은 피부로 깔려있다.

【효과가 있는 약초약재藥草藥材】

● 도꼬마리씨

염증이 심할 때 도꼬마리씨 20g을 볶아 만든 가루를 돼지기름에 개어 여름에는 3일, 겨울에는 6일에 한 번씩 부위에 갈아 붙여주면 된다.

● 달걀속껍질

궤양에서 고름이 흘러나올 때 달걀 1개를 준비해 한쪽 끝을 뚫어 내용물을 모두 비우고 껍질 안쪽에 붙어있는 흰 막만 벗겨낸다. 흰 막을 소독한 부위에 3일에 한 번씩 20일간 붙이는데, 고름이 차면 갈아붙인다.

● 달걀노른자기름

궤양의 세균과 새살을 돋게 할 때 달걀노른자를 지짐판에 지져 받은 기름을 3일에 한 번씩 20일간 부위에 발라주면 된다.

● 지렁이

지렁이 40마리를 3시간 동안 찬물에 담가 흙물을 토하게 한 다음 건져 깨끗하게 씻는다. 여기에 설탕 20g을 뿌려 냉하고 어두운 곳에 13시간 보관하면 진득진득한 물이 나온다. 곧바로 지렁이를 건져내고 소독한 천에 묻혀 부위에 붙이면 된다.

● 담배풀열매

궤양이 심할 때 담배풀열매 120g에 물 400㎖를 붓고 1/2의 양으로 졸여 1회 20분씩 1일 3번 부위를 세척해주면 된다.

● 대황, 감초

초기 궤양일 때 대황 20g과 감초 4g을 섞어 만든 가루를 1일 2번 부위에 뿌려주면 된다.

● 콩

궤양이 시작되었을 때 콩 30g을 절반쯤 익게 삶아서 짓찧어 껍질을 버리고 또다시 짓이긴 다음 천에 펴서 부위에 1일 한 번씩 갈아 붙이면 된다.

특발성 괴저가 있을 때

발(손)의 혈액순환이 원활하지 않아 빈혈이 나타나고 발(손)가락 끝이 괴사되는 기질성폐쇄성 동맥질병으로 2~40살에 많이 발병한다. 원인은 동상, 외상, 술, 담배, 전염병, 알레르기, 식물신경장애 등으로 추측하지만, 확실한 것은 아니다. 초기엔 발끝이 차고 저리며 피부색깔이 변하면서 통증이 있다. 걸으면 통증이 더 심하고 피부가 거칠어지며, 발톱이 오그라들면서 다리가 가늘어진다. 발가락이 헐고 붓기와 함께 통증이 심하다.

【효과가 있는 약초약재藥草藥材】

● 감초
혈액순환을 원활하게 하려면 감초가루 20g을 콩기름으로 개어 조짐부위에 바르면 된다.

● 말벌집, 뱀허물
부스럼이 생겼을 때 말벌집과 뱀허물 각 12g을 섞어 약한 불에 볶아 만든 가루를 1회 4g씩 1일 3번 나눠 끼니 전에 복용하면 된다.

● 왕지네
괴저가 생겼을 때 말린 왕지네 머리와 다리를 제거한 6마리를 식물성기름 40㎖에 넣고 끓인다. 곧바로 건더기를 건져내고 끓인 물에 독버섯가루 한 줌을 섞어 고약처럼 만들어 부위에 바르면 낫는다.

● 단삼

괴저통증이 심할 때 잘게 썬 단삼 60g을 알코올(55%)에 15일 이상 담가 우려낸 다음 1회 20㎖씩 1일 3번 나눠 복용하면 없어진다.

뼈와 근육 질환 동의보감 민간요법

근육 무력증이 있을 때

Dr's advice

근육신경의 장애로 근육이 쇠약해지고 마비되는 증상이다. 원인이 정확하지는 않지만 물질대사장애로 인해 근육에서 아세틸콜린이 빨리 파괴되고 콜린에스테라제가 많이 만들어지는 것과 관련 있다고 추측하고 있다. 증상은 서서히 진행되고 근육의 긴장도가 낮아지면서 무기력해진다. 또한 눈까풀이 밑으로 처지고 씹는 운동과 삼키기 운동에 장애가 온다.

【효과가 있는 약초약재藥草藥材】

● 두충
근무력증일 때 두충가루를 1회 6g씩 1일 3번 나눠 술에 타서 복용하면 효과가 있다.

● 절국대(음행초)
근육이 쇠약해질 때 절국대(음행초) 10g을 달여 1일 3번 나눠 복용하면 좋다.

● 녹용
근육마비가 올 때 녹용가루를 1회 3g씩 1일 3번 나눠 복용하면 효과가 좋다.

● 우슬초, 백하수오, 토사자
근력 무력증이 심할 때 우슬초 10g, 백하수오와 토사자 각 8g에 물 1ℓ로 달여 120㎖의 양으로 졸여 1일 3번 나눠 끼니 전에 복용하면 해결된다.

뼈와 근육 질환 동의보감 민간요법

류머티즘성 관절염이 있을 때

Dr's advice

세균침입이나 외상 등의 원인으로 관절에 생기는 염증을 말하는데, 급성과 만성으로 나눠지고 임균성, 류머티즘성, 외상성 등이 있다. 급성은 관절부위에 열이 나고 염증증상으로 화끈하면서 붓고 통증이 있다. 이때 심장병증상들이 동반된다. 만성은 뼈마디가 쑤시면서 통증이 있다. 통증이 흐리기 전날과 흐린 날에 심하게 나타난다.

【효과가 있는 약초약재藥草藥材】

● 봉침

통증이 있을 때 압통점을 찾아 처음엔 2곳에 쏘인 다음 점차 수를 늘려 15곳까지 쏘인다.

● 불개미술

통증이 심할 때 볶은 불개미 45g을 가루로 만들어 술(40%) 1병에 넣고 20일간 어두운 곳에 보관했다가 1회 15㎖씩 1일 3번 나눠 끼니 전에 복용한다.

● 독활

관절통증이 심할 때 독활 10g을 달여 1일 3번 나눠 끼니 뒤에 복용한다.

● 오갈피, 삼지구엽초

염증을 가라앉히고 통증완화에 오갈피 150g과 삼지구엽초 100g을 섞어 만든 가루에 술(40%) 1ℓ 을 넣고 12일 후 건더기를 건져내고 1회 12㎖씩 1일 3번 나눠 끼니 뒤에 복용하면 된다.

● 미역순나물뿌리

류머티즘성관절염, 피부 가려움, 신장염, 반신불수, 통증일 때 미역순나물 뿌리 목질부 15g을 물 250㎖에 넣어 은은하게 달여 아침저녁 2번 나눠 끼니 뒤에 복용하면 좋다.

위장
질환의 질병

급성위염이 있을 때

Dr's advice

위 점막에 생기는 염증성 질환이 갑자기 나타난 증상을 말하는데, 폭음과 폭식, 병원균의 침입과 스트레스 등이 원인이다. 음식물을 섭취한 다음 체하면 몇 시간 후부터 명치끝이 뻐근하고 배가 아프며 트림이 잦다.

【효과가 있는 약초약재藥草藥材】

● 계내금
소화불량일 때 계내금 9g을 가루로 만들어 1회 3g씩 술에 타서 1일 3번 나눠 끼니 뒤에 복용하면 된다.

● 마늘, 꿀
체기가 있을 때 마늘 30g을 짓찧어 꿀 1손가락에 섞어 끓여서 1회 10g씩 1일 3번 나눠 끼니 뒤에 복용하면 좋다.

● 귤껍질
체해 헛배가 부르고 메슥거리면서 구역질이 날 때 잘게 썬 귤껍질 36g을 1회 12g씩 1일 3번 나눠 달여 끼니 뒤에 복용한다.

● 소금, 식초
소화불량과 배가 아플 때 소금 12g과 식초 20g을 끓여 복용하면 효과가 있다.

● 너삼

입맛상실 때는 잘게 썬 너삼 8g을 1일 3번 나눠 끼니 뒤에 복용한다.

● 엿기름

소화가 잘 안 될 때 엿기름 12g을 볶아 가루로 만들어 1회 4g씩 1일 3번 나눠 따뜻한 물에 타서 끼니 뒤에 복용하면 된다.

● 무즙

체기가 잇을 때 무즙 1회 25㎖씩 1일 3번 나눠 끼니 뒤에 복용하면 좋다.

● 생강즙

위액분비량을 늘리고 입맛을 돋우기 위해 생강즙을 1회 4㎖씩 술에 타서 끼니 뒤에 복용하면 된다.

● 목향

소화촉진과 배 아픔을 멈추게 할 때 목향 12g을 달여 1일 3번 나눠 끼니 뒤에 복용한다.

돼지고기섭취로 생긴 체기이 있을 때

【효과가 있는 약초약재藥草藥材】

● 감초
잘게 썬 감초 20g을 달여 1일 3번 나눠 복용하면 된다.

● 새우
생새우 국이나 마른새우를 볶아 만든 가루를 1숟가락씩 따뜻한 물과 복용하면 된다.

● 백하젓
백하젓 25g에서 우려낸 엑기스를 복용하거나 백하젓 1숟가락을 복용하면 낫는다.

● 팥
팥을 태워 가루로 만들어 1숟가락씩 따뜻한 물에 타서 복용하면 된다.

● 산사
가마에 쪄서 햇볕에 말린 산사 35g을 달여 먹거나, 가로로 만들어 1회 7g씩 1일 3번 나눠 따뜻한 물에 타서 끼니 뒤에 복용하면 효과가 있다.

개고기섭취로 생긴 체기이 있을 때

【효과가 있는 약초약재藥草藥材】
● 달걀, 식초
달걀 2개를 용기에 깨트려 넣고 식초 1숟가락을 가미해서 복용하면 된다.

● 살구씨
살구씨 7개를 볶아 가루로 만들어 꿀에 섞어 먹거나, 10알을 달여 복용하면 효과가 있다.

● 수숫대
오래 말린 수숫대 3마디를 잘게 썬 다음 진하게 달여 복용하면 좋다.

● 볏짚, 살구씨
살구씨 5개와 볏짚 1줌을 섞어 달인 다음 복용하면 된다.

● 복숭아씨
껍질을 제거한 복숭아씨 3개를 짓찧어 물에 담가 우려낸 다음 복용한다.

● 메밀
메밀가루로 묽은 죽을 쒀 1일 3번 나눠 복용하면 효과가 좋다.

쇠고기섭취로 생긴 체기이 있을 때

【효과가 있는 약초약재藥草藥材】

● 흰봉선화줄기와 잎

흰 봉선화줄기와 잎 75g을 달여 1회 25㎖씩 1일 3번 나눠 끼니 뒤에 복용하면 된다.

● 배

배 1개에서 짠 즙을 복용하거나 배나무껍질 70g을 달여 복용하면 된다.

● 유피

오래된 유피을 햇볕에 말려 태운 재 4g을 약간 짠맛이 있을 정도로 소금을 가미해 복용하면 된다.

● 화피

화피를 불에 태운 재를 가루로 만들어 1회 1/2숟가락씩 따뜻한 물에 타서 복용한다.

달걀섭취로 생긴 체기이 있을 때

【효과가 있는 약초약재藥草藥材】

● 식초

식초 2숟가락을 1회 복용하면 체기가 내려간다.

● 마늘

생마늘을 2개를 씹어서 복용하거나 마늘 삶을 물을 자주 복용하면 된다.

물고기섭취로 생긴 체기이 있을 때

【효과가 있는 약초약재藥草藥材】

● 물고기 뼈

물고기 뼈를 태운 가루 1숟가락을 따뜻한 물과 함께 복용하면 된다.

● 나물생채

미나리, 쑥 등을 생채 반찬으로 만들어 먹으면 된다.

● 미나리

미나리 100g을 달여 복용하면 낫는다.

두부섭취로 생긴 체기이 있을 때

【효과가 있는 약초약재藥草藥材】
● 고사리
말린 고사리 40g을 달여 1회 3번 나눠 복용하면 된다.

● 담배줄기
말린 담배줄기를 태운 재를 가루로 만들어 1회 4g씩 따뜻한 물에 타서 복용하면 좋다.

● 볏짚
오래 묵은 볏짚을 따뜻한 물에 담가 우러난 물을 1회 35g씩 1일 3번 나눠 복용한다.

● 쌀뜨물
쌀뜨물을 진하게 달여 1회 40㎖씩 1일 3번 나눠 끼니 뒤에 복용하면 효과가 있다.

국수섭취로 생긴 체기이 있을 때

【효과가 있는 약초약재藥草藥材】
● 생강
생강즙 7㎖을 술과 함께 끼니 뒤에 복용하면 효과가 좋다.

고구마섭취로 생긴 체기이 있을 때

【효과가 있는 약초약재藥草藥材】

● 된장

된장 1/2숟가락을 물 한 사발에 풀어 마시면 좋다.

● 무즙

무즙을 1회 1컵씩 자주 복용하면 효과가 있다.

● 백반

백반 20g을 따뜻한 물 1ℓ 에 풀어 1회 1컵씩 3번 나눠 복용하면 된다.

● 배

배 1개를 한 번에 먹거나 배즙을 1컵씩 복용해도 좋다.

차가운 음식섭취로 생긴 체기이 있을 때

【효과가 있는 약초약재藥草藥材】

● 겨자

불에 볶은 겨자 9g을 가루로 만들어 꿀에 반죽해 1회 3g씩 1일 3번 나눠 끼니 뒤에 복용하면 소화촉진에 매우 좋다.

● 회향, 생강

잘게 썬 회향 60g과 생강 130g을 볶아서 가루로 만들어 술에 반죽한 다음 0.2g의 환으로 제조해 1회 35g씩 1일 3번 나눠 끼니 뒤에 복용하면 효과가 좋다.

술섭취로 생긴 체기이 있을 때

【효과가 있는 약초약재藥草藥材】
● 팥
팥 20개를 생으로 먹거나 70g을 삶아 팥물과 함께 복용해도 효과가 좋다.

● 녹두
녹두 20g을 볶아 1일 3번을 달여 끼니 뒤에 나눠 복용하면 좋다.

● 오이
오이를 먹거나 오이덩굴을 짓찧어 낸 즙을 자주 복용하면 효과가 있다.

● 칡뿌리 즙
칡뿌리 즙을 1회 30㎖씩 여러 번 복용하거나, 300g을 달여 3번 나눠 끼니 뒤에 복용하면 된다.

물섭취로 생긴 체기

【효과가 있는 약초약재藥草藥材】
● 미꾸라지
미꾸라지 생것 3마리를 소금에 찍어 먹거나 물에 진하게 끓여 복용해도 된다.

과산성 만성위염이 있을 때

Dr's advice

젊은 사람에게 많이 나타나는데, 증상은 신트림이 나오면서 가슴이 쓰린 것을 말한다. 규칙적인 식사와 알칼리성 음식을 섭취하면 통증이 완화되거나 낫는다.

【효과가 있는 약초약재藥草藥材】

● 오징어뼈

과산성 만성위염, 위·십이지장궤양일 때 말린 오징어뼈 15g을 쌀뜨물에 12시간 담가 짠맛을 제거하고 햇볕에 말려 가루로 만들어 1회 5g씩 1일 3번 나눠 끼니사이에 복용하면 좋다.

● 달걀껍질, 구운 백반

과산성 만성위염, 위·십이지장궤양일 때 달걀껍질을 볶아서 만든 가루 5g과 구운 백반 500g을 섞어 1회 3g씩 1일 3번 나눠 끼니 뒤에 장기간 복용하면 효과가 있다.

● 쇠뼈, 감초

위 점막 보호와 소화불량엔 쇠뼈를 태워 가루로 만든 것 9g과 감초가루 3g을 섞어 1회 4g씩 1일 3번 나눠 끼니 뒤에 복용한다.

위장질환 동의보감 민간요법

● 백출, 귤껍질

과산성 만성위염이나 위·십이지장궤양으로 트림과 신물이 올라오고 가슴이 쓰릴 때 백출 500g, 귤껍질 100g을 달인 엑기스를 걸쭉하게 졸여서 물엿을 가미해 1회 25g씩 1일 3번 나눠 끓인 물에 타서 끼니 뒤에 복용하면 좋다.

● 모려, 백출

위의 산도를 내리고 위 점막을 보호할 땐 모려와 백출 가루 각 30g을 섞어 꿀에 반죽해 환으로 만들어 1회 4g씩 1일 3번 나눠 3일간 끼니 뒤에 복용하면 된다

저산성 만성 위염이 있을 때

달걀 썩은 냄새가 동반하는 트림과 항상 속이 메슥거리면서 명치끝이 뻐근하고 입맛이 떨어지며, 변이 묽게 나오는 것을 말한다. 장기간 방치하면 위암이나 빈혈증 등이 동반된다.

【효과가 있는 약초약재藥草藥材】

● 계내금

계내금 9g을 가루로 만들어 1회 3g씩 1일 3번 나눠 끼니 뒤에 복용하면 소화기능이 촉진된다.

● 삽주

삽주 12g을 쌀뜨물에 담가 건져서 말린 다음 가루로 만들어 1회 4번 1일 3번 나눠 끼니 뒤에 복용하면 저산성 위염에 매우 좋다.

● 망강남

망강남 12g을 달여 1일 3번에 나눠 끼니 전에 복용하면 소화촉진에 좋다.

● 소태나무

잘게 썬 소태나무 30g을 달여 1일 3번에 나눠 끼니 뒤에 복용하면 명치끝이 뻐근하고 구역질이 나면서 소화불량 해소에 효과가 좋다.

● 산사

헛배와 속이 더부룩할 때 증기로 쪄서 햇볕에 말린 산사 60g을 달여 1일 3번 나눠 끼니 전에 복용하면 된다.

위장질환 동의보감 민간요법

● 해동피

뱃속이 시원하지 않을 때 해동피 9g을 가루로 만들어 1회 3g씩 1일 3번 나눠 끼니 전에 복용한다.

● 삽주, 흰복령, 꿀

자주 체해 소화가 잘 안될 때 삽주 400g과 흰복령 100g 달인 물을 졸여서 꿀을 넣어 엿을 만들어 1회 25g씩 1일 3번 나눠 따뜻한 물로 복용한다.

● 엿기름, 초피나무열매, 건강

소화 장애와 헛배가 왔을 때 엿기름 150g, 조피열매 30g, 건강 100g을 가루로 만들어 1회 7g씩 1일 3번 나눠 끼니 뒤에 미음에 타서 복용하면 효과가 있다.

● 목향

목향 9g을 가루로 만들어 1회에 3g씩 1일 3번 나눠 끼니 뒤에 복용하면 건위소화작용으로 저산성 만성위염에 좋다.

위 처짐(위하수)이 있을 때

Dr's advice

엑스선 검사에서 위가 정상 위치보다 아래로 처지는 것을 말한다. 여성에게 많은데, 원인은 복벽 근 이완, 개복수술, 출산 등 복강 압 등의 저하로 나타난다. 증상은 입맛이 떨어지고 두통이 오며 빈혈증까지 동반된다.

【효과가 있는 약초약재藥草藥材】

● 탱자
탱자 50g을 24시간 물에 우려냈다가 건져 잘게 썰어 또다시 1시간을 우려낸 다음 2시간을 달여 건더기를 건져내고 1/2의 양르로 줄여 1회 10mℓ씩 1일 3번 나눠 끼니 뒤에 복용한다.

● 승마, 꿀
위하수, 내장하수, 자궁하수 등일 때 승마가루 30g을 꿀 30g에 개어 콩알 크기의 환으로 만들어 1회 20개씩 1일 3번 나눠 끼니 뒤에 복용한다.

위경련이 있을 때

【효과가 있는 약초약재藥草藥材】

● 현호색

위경련 통증일 때 현호색 9g을 가루로 만들어 1회 3g씩 1일 3번 나눠 끼니 뒤에 복용하면 된다.

● 목향

위경련이 일어났을 때 잘게 썬 목향 10g을 달여 1일 3번 나눠 끼니 뒤에 복용한다.

● 향부자

위경련을 멈출 때 잘게 썬 향부자 9g을 달여 1일 3번 나눠 끼니 뒤에 복용하면 효과가 있다.

● 세신, 삽주

위경련과 소화불량에 세신과 삽주 각 4.5g을 섞어 가루로 만들어 1회 3g씩 1일 3번 나눠 끼니 뒤에 복용한다.

위 · 십이지장궤양이 있을 때

위와 십이지장에 궤양이 나타나는 질환을 말한다. 과도한 흡연, 커피, 알코올, 불규칙한 식사, 약물자극, 정서적 긴장 등이 원인이다. 공복인 새벽에 심하게 아픈데, 가슴쓰리기가 특징이다.

【효과가 있는 약초약재藥草藥材】

● 가래나무열매

가래나무열매 4kg을 짓찧어 술 6ℓ 에 3주간 담갔다가 건더기를 건져내고 엑기스만 1회 10㎖씩 1일 3번 나눠 끼니 뒤에 복용하면 다양한 위병에 좋다.

● 모려, 감초

모려 8g과 감초 4g으로 만든 가루를 섞어 1회 4g씩 1일 3번 나눠 끼니 뒤에 먹으면 궤양부위를 아물게 하고 위 통증을 멈춰준다.

● 단너삼

잘게 썬 단너삼 60g을 진하게 달인 다음 건더기를 건져내고 물엿처럼 졸여 1회 20g씩 1일 3번 나눠 끼니 뒤에 복용하면 좋다.

● 조릿대

조릿대 50g을 달여 1일 3번 나눠 끼니 뒤에 복용하면 궤양이 빨리 낫는다.

● 금은화

금은화 25g을 달여 1일 3번 나눠 끼니 뒤에 복용하면 효과가 좋다.

위장질환 동의보감 민간요법

위신경증이 있을 때

Dr's advice

위에 기질적 장애는 없지만 심리적 원인으로 위가 기능장애를 일으키는 신경증을 말한다. 원인은 신경쇠약, 히스테리증상의 하나로 발생하는 경우가 많고 정신적·육체적 과로, 불면증 등이다. 증상은 식사와 관계없이 갑자기 배에 통증이 나타난다.

【효과가 있는 약초약재藥草藥材】

● 달걀껍질

불에 볶은 달걀껍질 9g을 가루로 만들어 1회 3g씩 1일 3번 나눠 따뜻한 물과 함께 끼니 뒤에 먹으면 효과가 좋다.

● 세신, 삽주

통증이 왔을 때 세신과 삽주 각 3g을 섞어 가루로 만들어 1회 2g씩 1일 3번 나눠 끼니 뒤에 복용하면 된다.

● 호프

다양한 신경증세일 때 호프 3g을 만든 가루로 환을 제조해 1회 2알씩 1일 3번 나눠 끼니 뒤에 복용한다.

● 현호색뿌리

현호색뿌리 9g을 술(알코올 농도 25%)에 20분간 담갔다가 말린 다음 볶아 가루로 만들어 1회 3g씩 1일 3번 나눠 끼니 전에 복용하면 통증이 멎는다.

장과 항문
질환의 질병

만성대장염이 있을 때

Dr's advice

대장에 생기는 염증을 말하는데, 아랫배가 아프면서 설사가 지속되고 대변에 혈액이나 점액이 섞여 나온다. 만성대장염은 급성대장염을 치료하지 못한 경우이다. 원인은 세균이나 원충 감염, 정신신경장애, 찬 음식, 몸을 차게 했을 때이다. 장기간 이 질환을 앓으면 몸이 마르고 비타민부족, 빈혈, 간 기능 장애 등이 동반될 수가 있다.

【효과가 있는 약초약재藥草藥材】

● 저근백피(가죽나무껍질)

잘게 썬 저근백피(가죽나무껍질) 20g을 달여 1일 3번에 나눠 끼니 뒤에 복용하면 적리균, 대장균 등을 죽여 설사를 멈추게 한다.

● 풍로초

다양한 설사일 때 풍로초 30g을 달여 1일 3번에 나눠 끼니 뒤에 복용하면 된다.

● 백출, 흰복령, 도토리

백출 10g, 흰복령 50g, 도토리 30g을 가루로 만들어 1회 5g씩 1일 3번 나눠 끼니 전에 6일간 복용하면 노인들의 만성대장염에 효과가 좋다.

● 물푸레나무껍질

물푸레나무껍질 20g을 달여 1일 3번 나눠 끼니 뒤에 복용하면 장운동을 원활하게 하고 염증을 제거해준다.

● 도토리
볶은 도토리 30g을 1일 3번 나눠 끼니사이에 복용하면 설사를 멎게 한다.

● 황백(황경피나무껍질), 너삼
황백(황경피나무껍질) 34g과 너삼 20g을 가루로 만들어 1회 3g씩 1일 3번 나눠 끼니 뒤에 6일간 따뜻한 물에 타서 복용하면 효과가 있다.

● 뜸쑥, 소나무꽃가루
뜸쑥 10g과 소나무꽃가루 20g을 섞어 1회 5g씩 1일 3번 나눠 끼니사이에 2일간 복용하면 좋다.

● 찔레꽃, 역삼꽃
장기 설사일 때 찔레꽃, 역삼꽃 가루 각 12g을 섞어 1회 4g씩 1일 3번 나눠 끼니 뒤에 복용하면 좋다.

● 참죽(가죽)나무

참죽나무껍질이나 뿌리껍질 10g을 달여 1일 3번 나눠 복용하면 설사를 멎게 한다.

장불통증이 있을 때

【효과가 있는 약초약재藥草藥材】

● 콩기름, 연꽃뿌리
장이 꼬이거나 가스가 찰 때 콩기름 40g에 연꽃뿌리가루 20g을 넣어 풀처럼 개어 1회 10g씩 1일 3번 나눠 끼니사이에 2일간 복용한다.

● 땅콩기름
회충으로 장이 막혔을 때 땅콩기름 40㎖를 끓여 5시간마다 복용하면 효과가 있다.

● 참기름, 콩기름, 총백(대파 흰뿌리)
장의 윤활작용이 필요할 때 참기름, 콩기름 10g에 총백(대파 흰뿌리) 10g을 짓찧어 낸 즙을 섞어 복용한다.

● 생강, 꿀
장이 겹쳤을 때 생강 50g을 짓찧어 낸 즙을 꿀에 섞어 1일 3번 나눠 복용하면 좋다.

● 망초, 무
장의 활동을 위해 잘게 썬 무 100g과 망초 50g을 물 200㎖를 붓고 50㎖의 양으로 끈적끈적하게 달여 1일 2번 나눠 끼니사이에 복용하면 된다.

충수염(맹장염)이 있을 때

Dr's advice

맹장의 아래쪽 끝에 붙어 있는 가느다란 관모양의 돌기에 생기는 염증을 말한다. 오른쪽 아랫배에 심한 통증이 있고 발열, 메스꺼움, 구토 등이 나타나면 충수염으로 의심해봐야 한다. 원인은 충수 안에 대변석, 기생충 등이 들어가서 생기는데, 배 통증이 처음엔 명치끝에서 시작해 점점 오른쪽 아랫배로 옮겨간다. 손으로 오른쪽 아랫배를 깊숙이 누르면 약한 통증이 나타나다가 빨리 손을 떼면 통증이 심하다.

【효과가 있는 약초약재藥草藥材】

● 쇠비름, 민들레
쇠비름과 민들레를 각 20g을 달여 1일 3번 나눠 7일간 끼니 뒤에 복용하면 염증이 가라앉는다.

● 마타리뿌리
마타리뿌리 10g을 달여 1일 3번 나눠 복용하면 열 내림, 염증예방에 효과적이다.

● 율무, 마타리, 향부자
율무 15g, 마타리뿌리 12g, 법제시킨 향부자 3g을 달여 1일 3번 나눠 끼니 전에 복용하면 효과가 좋다.

복막염이 있을 때

Dr's advice

세균감염으로 복막에 생기는 염증을 말하는데, 급성과 만성이 있다. 배가 아프면서 부풀어 오르고 열이 난다. 복막염은 보통 급성으로 곪은 충수가 배 안에서 터져 복막에 세균이 감염되어 염증을 일으키는 예가 많다.

【효과가 있는 약초약재藥草藥材】

● 미꾸라지

살아있는 미꾸라지를 주머니에 넣어 직접 배에 얹고 2시간 지나면 통증이 완화되거나 멎는다.

● 천남성, 아주까리씨

천남성과 아주까리씨 각 15g을 섞어 짓찧은 다음 발바닥에 3시간 붙이면 된다.

● 수선화뿌리

수선화뿌리 즙을 1일 1번 3시간씩 발바닥에 바르거나 기름종이를 이용해 붙여도 된다.

● 우렁이, 메밀가루

우렁이 속살 10g을 짓찧어 메밀가루로 반죽해 3시간씩 배꼽에 붙이면 된다.

항문주위염이 있을 때

직장둘레의 결합조직에 발생하는 염증을 말하는데, 흔히 곪아서 농양을 일으킨다. 염증은 화농균, 대장균감염으로 발생되며, 원인은 항문주위 손상, 치열 등일 경우가 많다. 증상은 열이 나고 항문주위에 통증이 심하며, 고름이 생겼을 때는 곧바로 제거해야만 한다.

【효과가 있는 약초약재藥草藥材】

● 담뱃잎, 왕지네, 송진가루

화농균을 죽이고 고름을 배출해 염증을 가라앉힐 때 잘게 썬 연한 담뱃잎 80g을 진하게 졸여, 왕지네가루와 송진가루 각 15g을 섞어 통증부위에 바르면 된다.

● 황백(황경피나무껍질)

황백(황경피나무껍질) 20g을 가루로 만들어 꿀에 개어 발명부위에 붙이면 화농균을 죽이고 염증이 가라앉는다.

● 포황, 민들레

포황와 민들레 각 10g을 달여 1일 2번 나눠 복용하면 염증이 가라앉는다.

탈항이 있을 때

항문점막 일부 또는 전부가 항문 밖으로 심하게 튀어나와 원상태로 돌아가지 않는 상태를 말한다. 원인은 습관성 변비, 치핵, 임신, 출산, 만성설사 등이며, 배변할 때 통증과 하혈, 배변곤란 등이 동반된다.

【효과가 있는 약초약재藥草藥材】

● 붉나무, 사상자열매, 백반

항문이 붓고 탈장일 때 붉나무와 사상자열매를 각 10g을 백반 8g과 함께 달일 때 생기는 김을 쏘이거나 달인 물로 항문을 세척해주면 좋다.

● 자라머리

구운 자라머리를 가루로 만들어 1회 3g씩 1일 2번 나눠 미음에 넣어 끼니사이에 복용하면 좋다.

● 사상자열매, 감초

사상자열매와 감초를 각 30g을 볶아 가루로 만들어 복용하거나, 가루로 만들어 항문에 뿌려주면 좋다.

● 맨드라미씨(청상자), 방풍

맨드라미씨(청상자)와 방풍 각 2.5g을 1일 1회 5g씩 끼니 뒤에 복용하면 치루나 탈항 때 나오는 피를 멈추게 한다.

치루가 있을 때

치질의 하나인데, 항문이나 직장부위의 부스럼으로 터져 구멍이 생기고 그곳에서 고름이나 묽은 똥물 등이 배출된다. 보통 화농성항문병과 직장주위염을 앓은 뒤에 나타나며 결핵성으로도 발생한다. 치루는 외치루와 내치루로 나뉘는데, 외치루는 피부에 생긴 구멍으로 고름이 나온다. 내치루는 구멍이 항문과 직장 점막에 있는데, 배변 때 고름, 피, 점액 등이 섞여져 나온다.

【효과가 있는 약초약재藥草藥材】

● 고슴도치가죽

고슴도치가죽 9g을 가루로 만들어 1회 3g씩 1일 3번 나눠 미음에 타서 끼니사이에 복용하면 누공 속의 염증을 가라앉히고 새살을 빨리 돋게 한다.

● 말벌집

말벌집 5g을 말려 가루로 만들어 풀로 반죽해 0.1g의 환으로 제조해 1회 50개씩 끼니 전에 복용하거나 누공 안에 넣으면 효과가 좋다.

● 달걀

달걀기름을 면봉에 묻혀 부위에 바르거나 누공 안에 넣어주면 새살이 빨리 돋는다.

● 홰나무열매

홰나무열매 9g을 가루로 만들어 1회 3g씩 1일 3번 나눠 미음에 타서 복용하면 출혈을 멎게 한다.

● 백렴

백렴 10g을 달여 1일 3번 나눠 복용하면 염증을 제거되고 통증이 멈춰진다.

장과 항문 질환 동의보감 민간요법

치핵이 있을 때

Dr's advice

치질의 한 종류로 직장의 정맥이 늘어져 항문둘레에 혹처럼 생긴 종기를 말한다. 원인은 임신, 변비 등이다. 치핵엔 외치핵과 내치핵이 있는데, 외치핵은 결절이 겉에서도 볼 수 있고 커지면 터져 출혈과 염증이 생긴다. 내치핵은 결절이 항문 안쪽 직장근육 밑에 생겨 보이지 않는다. 대변을 볼 때마다 밖으로 돌출이 되고 출혈을 날 수가 있다.

【효과가 있는 약초약재藥草藥材】

● 담뱃잎
잘게 썬 담뱃잎 15g을 달여 건더기를 버리고 다시 진득진득하게 졸인 다음 바셀린에 개어 치핵결절에 10일간 바르면 결절이 작아지고 통증이 멈춰진다.

● 붉나무, 용뇌
통증과 부기가 있을 때 붉나무 40g과 용뇌 0.7g을 가루로 만들어 식초에 개어 치핵부위에 발라주면 좋다.

● 까마중
까마중 태운 재를 참깨기름에 개어 치핵에 발라주면 출혈이 멎는다.

● 붉나무, 백반

붉나무와 백반 각 3g으로 만든 가루를 물에 개어 환을 제조해 1회 2g씩 1일 3번 나눠 미음에 넣어 끼니 전에 복용하면 염증과 출혈예방에 좋다.

● 대추

씨를 제거한 대추 살을 짓이겨 대추알에 발라 항문에 1일 1번씩 넣어주면 좋다.

● 뽕나무버섯, 입쌀

뽕나무버섯 25g, 입쌀 300g으로 죽을 쒀 1일 3번 나눠 끼니사이에 복용하면 좋다.

항문열상이 있을 때

항문점막이 작게 째진 상처를 말하는데, 보통 굳은 대변덩어리 때문에 많이
발생한다. 증상은 대변을 볼 때나 본 뒤에 통증이 생긴다.

【효과가 있는 약초약재藥草藥材】

● 달걀
삶은 달걀노른자로 기름을 짠 다음 상처부위에 바르면 빨리 낫는다.

● 달걀, 들깨기름
삶은 달걀노른자 7개를 들깨기름 70㎖에 넣어 끓인 다음 바르면 된다.

● 어성초
어성초 1줌을 진하게 달여 1일 3번 나눠 끼니사이에 복용하면 치료된다.

장과 항문 질환 동의보감 민간요법

간과 담낭
질환의 질병

만성간염이 있을 때

Dr's advice

급성간염을 앓고 나 뒤에 보통 6개월이 지나도록 잘 낫지 않거나 재발하는 간염을 말한다. 권태감, 피로감, 식욕부진 등의 증세가 동반된다. 만성간염은 활동성 만성간염과 비 활동성 만성간염으로 나눠진다. 활동성 만성간염은 병이 점점 심해지는 것이고, 비 활동성 만성간염은 병의 진행이 멈췄다가 점점 나아지는 것이다. 만성간염 증세는 온몸이 나른하고 쉽게 피곤하며, 오른쪽 옆구리에 통증이 있고 헛배와 함께 소화불량이 나타난다. 이밖에 두통이 있고 신경이 예민해지기도 한다.

【효과가 있는 약초약재藥草藥材】

● 미나리
간 보호, 열 내리기, 간 지방 침착 예방에는 미나리 150g을 달여 1일 3번 나눠 끼니 뒤에 20일간 복용하면 좋다.

● 인진쑥
손상된 간 실질 회복엔 인진쑥 20g을 달여 1일 3번 나눠 끼니 뒤에 복용하면 된다.

● 참취
간 기능회복에는 참취 20g을 달여 1일 3번 나눠 끼니 뒤에 복용하면 효과가 있다.

● 오미자

간의 재생이 필요할 때 오미자 9g을 가루로 만들어 1회 3g씩 1일 3번 나눠 끼니 뒤에 복용하면 된다.

● 인진쑥, 백출

위병으로 인한 만성간염엔 인진쑥과 백출 각 20g을 달여 건더기를 건져내고 또다시 졸여 1회 10g씩 1일 3번 나눠 끼니 뒤에 복용하면 된다.

● 소열물(또는 돼지열물)

소열물이나 돼지열물 1.2g을 가루로 만들어 1회 0.4g씩 1일 3번 나눠 끼니 뒤에 복용하면 만성간염으로 온 황달에 효과가 매우 좋다.

● 조뱅이

간이 부었을 때 조뱅이 50g을 달여 1일 3번 나눠 끼니 뒤에 30일간 복용하면 효과가 있고 이와 함께 입맛까지 돌아온다.

● 민물조개

소변소태, 황달, 헛배 부를 때 민물조개살 350g으로 국을 끓인 다음 1일 3번 나눠 복용하면 좋다.

간경변증이 있을 때

간이 굳어지면서 오그라드는 병의 증세를 말하는데, 복수가 생기고 빈혈과 전신 쇠약 등이 나타난다. 원인은 급성돌림간염을 앓거나 만성간염 말기나 화학약에 중독되었을 때다. 악화되면 황달과 전신이 붓고 숨이 차다.

【효과가 있는 약초약재藥草藥材】

● 오리, 백반

오리의 내장을 제거한 다음 백반 40g을 넣어 3시간을 고아서 1일 3번 나눠 2일간 복용하면 좋다.

● 감수, 견우자

오줌소태와 전신부종, 복수가 찰 때 감수 1g과 견우자 3g을 가루로 만들어 1회 1g씩 1일 4번 나눠 끼니 뒤에 복용하면 좋다.

● 옥수수수염, 차전초

복수와 부기가 왔을 때 옥수수수염 40g과 차전초 8g을 달여 1일 3번 나눠 끼니 뒤에 복용하면 효과가 있다.

간과 담낭질환 동의보감 민간요법

● 갈뿌리(갈대)

복수가 찼을 때 갈뿌리(갈대) 20g을 달여 1일 3번 나눠 끼니 뒤에 복용하면 배출된다.

● 잉어, 팥

오줌소태와 전신부종, 황달일 때 1kg짜리 잉어내장을 제거하고 삶은 팥 40g을 넣어 실로 봉한 다음 국으로 끓여 4일간 복용하면 소변이 많아지면서 복수가 줄고 붓기가 빠진다.

● 가물치, 마늘

복수가 차고 전신부종과 황달일 때 1kg짜리 가물치의 내장을 제거하고 마늘 15쪽을 넣어 실로 봉한다. 여기에 종이로 싸서 그 위를 진흙으로 발라 구워서 복용한다.

담낭염이 있을 때

쓸개가 세균에 감염되어 나타나는 염증을 말하는데, 주로 대장균, 포도상 구균 등에 감염되며 오른쪽 배에 통증이 있고 열이 난다. 열은 38~39℃까지 상승하고 으슬으슬 춥고 떨리며 진행되면 황달이 나타난다.

【효과가 있는 약초약재藥草藥材】

● 봉출, 약쑥
 통증완화에는 봉출 5g, 약쑥 16g을 물 450㎖를 넣고 달여 1일 3번 나눠 복용하면 된다.

● 애기똥풀(백굴채)
 염증제거와 통증을 멈추게 할 때 애기똥풀(백굴채) 8g을 물 150㎖를 넣고 달여 1일 3번 나눠 복용하면 효과가 있다.

● 황백(황경피나무껍질)
 염증제거와 담석증이 동반됐을 때 황백(황경피나무껍질) 20g을 물 250㎖에 달여 1일 3번 나눠 복용하면 된다.

● 독말풀잎
 통증과 발작을 멈추게 할 때 독말풀잎 0.09g을 가루로 만들어 1회 0.03g씩 1일 3번 나눠 복용한다.

● 강황

담낭염에 강황 15g을 가루로 만들어 1회 5g씩 1일 3번 나눠 복용하면 효과가 좋다.

● 장미열매

담낭염, 담석증, 만성간염일 때 장미열매 15g을 물 100㎖에 달여 1일 3번 나눠 복용하면 된다.

● 금전초

간염, 담낭염으로 통증이 있을 때 금전초 9g을 물 180㎖에 달여 1일 3번 나눠 복용하면 된다.

● 수레국화꽃

담낭염과 담도질환에 수레국화꽃 4g을 물 180㎖에 달여 1일 3번 나눠 복용하면 된다.

● 금잔화

담낭염일 때 금잔화 12g을 달여 1일 3번 나눠 끼니 뒤에 복용하면 된다.

담석증이 있을 때

Dr's advice

쓸개나 담도계에 결석이 생긴 것을 말하는데, 복통, 발열, 구토, 황달 등의 증상을 나타내지만, 증상 없이 진행되는 경우도 많다. 통증은 명치끝에서 오른쪽 옆구리까지 심한 통증이 온다.

【효과가 있는 약초약재藥草藥材】

● 금잔디꽃
담낭결석, 방광결석, 신석증 등일 때 금잔디꽃 12g을 달여 1일 3번 나눠 끼니 뒤에 복용하면 좋다.

● 소열물, 대황
열내림과 설사를 멈출 때 소열물 70g과 대황 가루 2g을 섞어 반죽한 다음 0.4g 짜리 환으로 만들어 1회 3알씩 1일 4번 나눠 15일간 복용하면 된다.

● 강황
열물내기작용, 열물주머니를 수축시키려면 강황 9g을 가루로 만들어 1회 3g씩 1일 3번 나눠 복용한다.

● 집작약, 감초
담석증으로 경련이 왔을 때 집작약 12g, 감초 7g을 달여 1일 3번 나눠 끼니사이에 복용하면 된다.

● 울금, 백반, 감초
담석증일 때 울금과 감초를 각 15g, 백반 15g을 가루로 만들어 1회 3g씩 1일 3번 나눠 5일간 복용하면 된다.

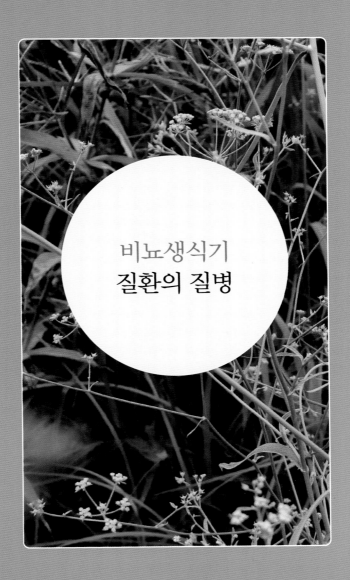

비뇨생식기
질환의 질병

급성신장염이 있을 때

Dr's advice

신장에 생긴 급성염증성 질병을 말하는데, 보통 발병 때부터 6개월까지를 급성으로 본다. 원인은 편도염, 감기 등을 앓고 난 다음 얼마간의 기간이 지나서 나타난다. 그밖에 중이염, 화농성 피부염, 류머티즘 등을 앓고 난 다음에도 발병된다. 증상은 얼굴이나 눈꺼풀이 붓고 숨 가쁨, 요통과 함께 소변양이 적어지며, 혈뇨나 단백소변이 섞여 나오거나 혈압까지 오른다.

【효과가 있는 약초약재藥草藥材】

● 담배풀

신장염 초기증상일 때 담배풀 40g에 설탕 8g을 넣고 짓찧어 배꼽을 중심으로 지름 8cm크기로 1일 1회씩 5일간 붙이면 된다.

● 옹굿나물

소변양이 적고 소태가 오고 배가 심히 아프고 설사를 할 때 옹굿나물 15g을 달여 1일 3번 나눠 복용하면 효과가 좋다.

● 익모초

혈압이 높고 붓기가 있을 때 익모초 180g을 달여 1일 3번 나눠 끼니 뒤에 복용하면 효과가 좋다.

● 호박, 택사, 꿀
붓기와 소변에 단백이 섞여 나올 때 2kg짜리 호박꼭지를 도려내고 속을 파낸 다음 꿀 300g과 택사 18g을 넣고 꼭지를 덮어 솥에서 찐다. 이때 호박에 고인 꿀물을 1회 70ml씩 복용하면 된다.

● 달걀, 후추
붓기와 통증일 때 달걀에 구멍을 뚫어 후추 5개를 넣고 구멍을 봉해 증기에 찐 다음 어른은 1일 2알(어린이는 1일 1알씩)씩 9일간 먹는데, 3일을 쉬었다가 다시 복용하면 된다.

● 우엉씨, 부평초
급성신장염일 때 우엉씨와 부평초 각 6g씩 섞어 가루로 만들어 1회에 4g씩 1일 3번 나눠 끼니 뒤에 복용한다.

● 대극
복수가 차고 붓기가 있을 때 손질한 대극을 잘게 썬 것 200g에 소금 9g을 섞어 볶아 가루로 만들어 1회 1g씩 1일 2번 나눠 이틀에 한 번꼴로 3일간 복용한다. 단 독성이 강해 허약체질이나 임신부는 삼가야 한다.

● 백모근
붓기와 혈압을 내릴 때 백모근 200g을 달여 1일 3번 나눠 끼니 뒤에 복용하면 효과가 있다.

● 백모근, 수박껍질

급성과 만성 신장염으로 붓기가 있을 때 백모근 50g과 말린 수박껍질 30g을 달여 1일 3번 나눠 끼니 뒤에 복용하면 좋다.

● 옥수수염

붓기와 소변의 단백 량을 줄일 때 옥수수염 150g을 달여 1일 3번 나눠 3일간 복용하면 효과가 있다.

● 양젖

소변양이 많고 붓기가 있을 때 양젖 450㎖를 따뜻하게 데워 1일 4번 나눠 복용하면 좋다.

● 자리공뿌리, 쇠고기

소변이 많고 전신부종에 복수가 찼을 때 자리공뿌리 4g과 쇠고기 90g을 넣어 끓인 다음 1일 3번 나눠 끼니사이에 복용하면 좋다. 단 자리공은 독성이 있어 양을 지키면서 단기간만 사용해야 된다.

만성신장염이 있을 때

신장에 생긴 염증성 질병을 말하는데, 보통 급성발병 6개월 후부터 만성으로 본다. 증상은 붓기, 단백소변, 고혈압 등으로 질환상태에 따라 신장증, 고혈압, 혼합 등으로 나눈다. 만성 신장염은 급성과 달리 단백을 제한할 필요가 없고 소금과 물도 붓기가 있을 때만 제한하면 문제가 없다.

【효과가 있는 약초약재藥草藥材】

● 옥수수염, 뽕나무뿌리껍질

소변 량이 적고 부기가 있을 때 옥수수염 10g과 뽕나무뿌리껍질 20g을 달여 1일 3번 나눠 끼니사이에 복용하면 좋다.

● 옥수수수염, 댑싸리씨, 차전자

소변 량을 을이고 붓기가 있을 때 옥수수수염 12g, 댑싸리씨, 차전자 각 16g을 달여 1일 3번 나눠 끼니사이에 복용하면 효과가 있다.

● 수박껍질, 백모근

만성 신장성 고혈압일 때 수박껍질 30g과 백모근 45g을 달여 1일 3번 나눠 복용하면 된다.

비뇨생식기 질환 동의보감 민간요법

● 달개비

소변내기작용, 염증완화, 열내림, 신장염, 방광염 등일 때 달개비 15g을 달여 1일 3번 나눠 복용하면 된다.

● 개오동나무열매

신장염으로 붓기가 있을 때 개오동나무열매 18g을 물 150㎖로 달여 1일 3번 나눠 끼니사이에 복용하면 좋다.

● 수레국화꽃

신장염과 방광염, 요도염, 담낭염, 간염, 담석증일 때 수레국화꽃 7g을 물 150㎖에 달여 1일 3번 나눠 끼니사이에 복용하면 효과가 좋다.

● 율무, 입쌀

신장염, 소변소태일 때 율무가루와 입쌀가루 40g으로 죽을 쑨 다음 1일 3번 나눠 복용하면 된다.

● 복령

만성 신장염으로 소변이 불편하고 붓기가 있을 때 복령 25g을 달여 1일 3번 나눠 복용하면 된다.

● 분꽃

신장염, 급성관절염, 류머티즘성 관절염일 때 분꽃 100g을 300㎖에 달여 1일 3번 나눠 복용하면 효과가 있다.

신우염이 있을 때

대장균에 의해 신우에 생기는 염증을 말하는데, 오한과 함께 떨리면서 열이 오르고, 신장부분에 동통이 일어난다. 또한 오줌에서 다량의 단백질이 배출되고, 거의 여성에게 많이 나타난다. 급성 신우염은 갑자기 춥고 떨리면서 열이 오르며 신장부위에 통증이 있다. 소변에는 피고름이 섞여 배출된다. 만성 신우염은 급성기 치료를 잘못해 생긴 것으로 뛰거나 누를 때 신장부위에 통증이 나타난다.

【효과가 있는 약초약재藥草藥材】

● 율무
신장염과 동반되는 피고름, 붓기가 있을 때 율무가루 40g을 죽으로 만들어 1일 3번 나눠 끼니사이에 복용하면 좋다.

● 결명자, 율무, 옥수수염
뇨관의 병균들과 피고름을 배출시킬 때 결명자와 율무 각 10g과 옥수수수염 40g을 달여 1일 3번 나눠 복용하면 된다.

● 연교
열 내림, 붓기가 있을 때 연교 30g을 달여 1일 3번 나눠 끼니 뒤에 10일간 복용하면 된다.

● 마디풀
고열이 나고 소변에 피가 섞여 나올 때 마디풀 10g을 달여 1일 3번 나눠 끼니 뒤에 3일간 복용하면 효과가 있다.

비뇨생식기 질환 동의보감 민간요법

신장결석이 있을 때

오줌 속에 있는 염류가 신장 안에서 굳어 결석이 생기는 질병을 말하는데, 신석증의 원인이 되고 발작성으로 심한 통증이 동반된다. 증상은 신장부위에 심한 선통발작이 나타난다. 발작 때는 소변 량이 적고 피가 섞여 나오며, 발작이 끝나면 소변 량이 많아지는 것이 특징이다.

【효과가 있는 약초약재藥草藥材】

● 간유
결석을 녹여 쉽게 배출시킬 때 간유를 1회 12g씩 1일 3번 나눠 복용하면 좋다.

● 옥수수염
결석이 있을 때 옥수수염 45g을 달여 1일 3번에 나눠 끼니 뒤에 복용하면 효과가 있다.

● 금전초
요도결석과 담석증일 때 금전초 15g을 달여 1일 3번 나눠 복용하면 된다.

● 호두살, 콩기름
결석을 녹이고 통증을 멈추게 할 때 호두살 150g을 콩기름으로 튀긴 다음 설탕을 넣고 갈아서 2일 안에 모두 복용하면 된다.

비뇨생식기 질환 동의보감 민간요법

● 한삼덩굴줄기

방광염과 결석을 녹일 때 한삼덩굴줄기 200g을 짓찧어 낸 즙을 마시거나 따뜻한 물을 타서 여러 번 복용하면 좋다.

● 멍석딸기뿌리

요도에 있는 결석을 배출시키기 위해 멍석딸기뿌리 100g을 잘게 썰어 물과 술각 50㎖을 섞어 1시간 달여 1일 3번 나눠 끼니 뒤에 복용하면 좋다.

● 마디풀

소변이 불편할 때 마디풀 15g을 물 150㎖로 달여 1일 3번 나눠 복용하면 효과가 좋다.

● 으름덩굴열매, 율무

오줌소태와 피가 섞여 나올 때 으름덩굴열매와 율무를 각 25g을 달여 설탕을 가미해 1일 3번 나눠 복용하면 된다.

● 닥풀꽃

요로결석에 막혀 소변이 불편할 때 말린 닥풀꽃 15g을 볶아 가루로 만들어 1회 5g씩 1일 3번 나눠 끼니 전에 미음에 타서 복용하면 된다.

방광염이 있을 때

세균감염, 자극성 음식물, 변비, 감기 등으로 방광 점막에 생기는 염증을 말한다. 증상은 오줌이 자주 마렵고, 오줌을 눌 때 통증이 심하며 피고름이 섞여 나온다. 여성에게 주로 많이 발병한다.

【효과가 있는 약초약재藥草藥材】
● 싸리나무, 차전초
소변이 방울방울 떨어지면서 불편할 때 싸리나무 50g과 차전초 17g을 달여 설탕을 가미해 1일 2번 나눠 끼니 전에 복용하면 된다.

● 부평초
소변이 불편할 때 말린 부평초 15g을 가루로 만들어 1회 5g씩 1일 3번 나눠 끼니 뒤에 복용하면 좋다.

● 패랭이꽃
소변이 불편하면서 통증이 있고 붓기가 있을 때 패랭이꽃 15g을 달여 1일 3번 나눠 끼니 뒤에 복용하면 효과가 있다.

● 월귤엽
요도염, 신장결석, 방광염, 대장염, 적리 등일 때 월귤엽 9g을 90㎖에 달여 1일 3번 나눠 끼니사이에 복용하면 된다.

비뇨생식기 질환 동의보감 민간요법

● 유근피

방광염과 요도염으로 아랫배가 뻐근할 때 유근피 15g을 볶아 가루로 만들어 1회 5g씩 1일 3번 나눠 복용하면 된다.

● 호장근

염증을 가라앉힐 때 호장근 5g을 물 400㎖에 넣고 120㎖로 졸여 1일 3번 나눠 끼니 뒤에 복용하면 효과가 좋다.

● 댕댕이덩굴

방광염 초기증상일 때 댕댕이덩굴 12g을 물 90㎖로 달여 1일 3번 나눠 끼니 뒤에 복용하면 된다.

● 댑싸리씨

오줌소태나 오줌이 잦을 때 댑싸리씨 9g을 물 150㎖에 달여 1일 3번 나눠 끼니 뒤에 복용하면 된다.

● 꿀풀(하고초)

초기 방광염일 때 꿀풀(하고초) 15g을 달여 1일 3번 나눠 끼니 전에 복용하면 효과가 좋다.

요폐증이 있을 때

【효과가 있는 약초약재藥草藥材】

● 수박

소변이 막혔을 때 씨를 제거한 수박 속을 짓찧은 즙을 걸쭉하게 졸여 끼니 전에 2숟가락씩 1일 3번 나눠 끼니 전에 복용하면 좋다.

● 달개비잎과 줄기, 차전자

요도가 막혔을 때 달개비잎과 줄기 12g과 차전자 9g을 달여 1일 3번 나눠 끼니 뒤에 복용하면 된다.

비뇨생식기 질환 동의보감 민간요법

음위가 있을 때

음경이 발기되지 않아 성관계를 할 수없는 남성 질환을 말하는데, 원인은 성병이나 성에 대한 혐오감, 공포감 때문에 나타난다. 페니스가 항상 차면서 무겁고 고환에 통증이 있으며 소변이 자주 마렵다.

【효과가 있는 약초약재藥草藥材】

● 녹용, 마

성욕향상과 발기부전일 때 잘게 썬 녹용 15g과 마가루 30g을 천주머니에 넣어 술 180㎖에 담가 7일간 우려낸 다음 1회 15㎖씩 1일 2번 나눠 끼니 전에 6일간 복용하면 좋다.

● 뱀장어

음위 조기증상일 때 뱀장어 2마리를 양념해서 익혀 먹으면 효과가 있다.

● 해삼

몸이 허약하고 성기능 장애가 있을 때 해삼 7마리를 볶아 먹거나 해삼 10g을 가루로 만들어 1일 3번 나눠 따뜻한 물에 타서 끼니 전에 먹어도 좋다.

● 삼지구엽초

성욕보강에 말린 삼지구엽초 12g을 달여 1일 3번 나눠 끼니사이에 복용하면 된다.

● 구기자

노인의 성욕감퇴일 때 구기자 17g을 물 180㎖에 달여 1일 3번 나눠 끼니 전에 복용한다.

● 바닷말

허약체질로 성기능에 장애가 왔을 때 바닷말 7g을 달여 1일 3번 나눠 끼니 뒤에 복용한다.

● 토사자

손발이 차고 생기기 부위가 냉할 때 토사자 10g을 가루로 만들어 1일 3번 나눠 복용한다.

● 인삼

마비나 신경쇠약으로 나타나는 음위일 때 인삼 12g을 가루로 만들어 1회 4g씩 1일 3번 나눠 끼니 전에 복용하면 좋다.

고환염이 있을 때

고환에 생기는 염증을 말하는데, 임질, 매독, 결핵 등에 의한 감염이나 상처 등으로 균이 침입해 나타난다. 증상은 고환이 커지면서 통증이 따른다. 이 질환을 앓고 나면 고환이 위축되어 남성불임의 원인이 되기도 한다.

【효과가 있는 약초약재藥草藥材】

● 회향, 도꼬마리

염증을 가라앉힐 때 회향과 도꼬마리 각 12g을 달여 1일 3번 나눠 끼니 뒤에 복용하면 효과가 좋다.

● 홰나무열매

초기 고환염일 때 홰나무열매 16g으로 만든 가루를 물에 졸여 꿀과 반죽해 1알을 0.3g짜리 환으로 만들어 1회 17알씩 1일 3번 나눠 따뜻한 물로 끼니사이에 복용하면 된다.

● 초피나무열매, 다시마

음낭이 붓고 허리와 무릎 통증이 있을 때 볶은 초피나무열매 30g과 다시마 18g을 섞어 가루로 만들어 술에 반죽해 1알을 0.2g짜리 환으로 만들어 1회 8알씩 1일 3번 나눠 따뜻한 물로 10일간 복용하면 좋다.

비뇨생식기 질환 동의보감 민간요법

유정이 있을 때

【효과가 있는 약초약재藥草藥材】

● 산장근

유정초기일 때 산장근 6g에 물 400㎖를 붓고 40㎖로 달여 1회용으로 1일 4번 나눠 10일간 복용하면 된다.

● 산수유

소변이 자주 마렵고 유정일 때 산수유 12g을 가루로 만들어 1회 4g씩 1일 3번 나눠 끼니 뒤에 복용하면 된다.

● 토사자

아랫배와 음낭이 냉하면서 유정이 있을 때 토사자 14g을 가루로 만들어 꿀로 반죽해 1알에 0.3g짜리 환으로 만들어 1회 15알씩 1일 3번 나눠 끼니 전에 복용하면 된다.

● 연꽃잎, 사마귀알집

음위, 유정, 몽정일 때 연꽃 잎 10g과 사마귀알집 5g을 섞어 가루로 만들어 1회 5g씩 1일 3번 나눠 끼니 뒤에 복용하면 효과가 좋다.

비뇨생식기 질환 동의보감 민간요법

눈
질환의 질병

다래끼가 있을 때

Dr's advice

눈꺼풀에 생긴 국소감염으로 속눈썹 털주머니와 피지선이 곪는 질환을 말한다. 증상은 눈꺼풀의 비탈진 곳에 벌겋고 팥알크기의 고름주머니가 생긴다. 누르면 심한 통증이 있고 일주일 정도 지나면 저절로 고름주머니가 터진다. 이럴 경우는 치료가 된다. 바깥에 생기면 눈이 붓고 벌겋게 되면서 통증이 동반된다.

【효과가 있는 약초약재藥草藥材】

● 뱀허물, 식초
완전히 곪기 전의 다래끼엔 뱀허물 1개를 6일간 식초에 담갔다가 건져서 적당한 크기로 잘라 다래끼부위에 24시간 붙여두면 낫는다. 1회에 효과가 없으면 몇 번 정도 반복하면 된다.

● 물푸레나무껍질, 대황
다래끼 초기에 물푸레나무껍질 10g, 대황 7g을 달여 1일 2번 나눠 끼니사이에 복용하면 좋다.

● 차전초
다래끼가 곪기 전이나 고름이 나올 때 차전초잎을 불에 따뜻하게 데워 발병부위에 3일간 반복적으로 붙이면 낫는다.

결막염이 있을 때

Dr's advice

결막에 나타나는 염증을 말하는데, 증상은 결막이 충혈되어 눈곱이 끼거나 눈 곱안쪽에 여포가 생기고, 가려움과 이물감을 느낀다. 세균이나 바이러스감염, 티끌, 먼지, 마찰, 물리적, 화학적 자극이다. 급성 때는 눈곱이 많이 끼고 눈이 아프며 가렵다. 만성은 눈곱이 적게 끼고 가려우며 눈이 피곤하다.

【효과가 있는 약초약재藥草藥材】

● 달걀흰자
눈이 텁텁하고 가려우며 쉽게 피곤할 때 달걀흰자를 증류수에 2% 농도로 풀어서 끓인 다음 눈에 넣으면 된다.

● 속새
눈에 염증이 발생했을 때 속새 90g에 물 360ℓ 을 붓고 은근히 달여 결막염이 생긴 눈을 자주 씻어주면 된다.

● 황백(황경피나무껍질), 백반
결막염 초기에 황백(황경피나무껍질) 15g과 백반 4g을 물 120㎖에 넣어 40㎖ 양으로 진하게 달여 1방울씩 눈에 넣어주면 된다.

● 민들레

염증과 눈곱이 끼고 눈물이 날 때 말린 민들레 40g을 물 250㎖에 넣고 150㎖ 양으로 달여 여과시킨 다음 면봉에 적셔 눈을 씻어내면 된다.

● 벼룩이자리

결막염 초기증상에 벼룩이자리 30g을 달여 1일 3번 나눠 복용하면 좋다.

● 곡정초

눈이 텁텁하고 통증이 있을 때 곡정초 6g을 물 120㎖에 달여 눈을 자주 씻어내면 효과가 있다.

● 오징어뼈, 박하뇌

눈곱이 끼고 텁텁하면서 통증이 있을 때 오징어뼈 12g과 박하뇌 6g을 섞어 가루로 만들어 면봉에 묻혀 눈에 넣어주면 효과가 있다.

● 용담

눈알의 충혈과 텁텁할 때 용담 12g에 물 120㎖을 넣고 30㎖양으로 달여 여과시켜 면봉에 적셔 자주 씻어내면 된다.

트라코마가 있을 때

Dr's advice

전염성세균(트라코마바이러스)에 의해 일어나는 눈병의 하나인데, 초기엔 눈곱이 끼고 눈알이 충혈 되면서 눈꺼풀 안쪽에 좁쌀만 한 것이 돋는다. 만성기가 되면 각막이 흐려지다가 오래되면 실명한다. 증상은 눈이 텁텁하고 가려우며 눈부심과 눈물이 난다.

【효과가 있는 약초약재藥草藥材】

● **돼지열물**
눈이 텁텁하고 가려움과 눈부심이 왔을 때 돼지열물 1.2g과 식염수 120㎖을 병에 넣고 마개를 닫는다. 이것을 1시간동안 찜통에 넣고 소독한 다음 1회 1방울씩 1일 3번 나눠 눈에 넣어주면 된다.

● **가물치열**
눈이 텁텁하고 가려움과 눈부심이 왔을 때 말린 가물치를 가루로 만들어 눈에 넣어주면 효과가 있다.

● **곰열**
눈이 텁텁하고 가려움과 눈부심이 왔을 때 곰열을 식염수에 0.1%농도로 풀어 1회 2방울씩 눈에 넣어주면 좋다.

● **살구씨**
눈알의 가려울 때 살구씨 10g을 짓찧어 낸 즙으로 1회 2방울씩 1일 6번 눈에 넣어주면 효과가 좋다.

● **뽕잎, 단국화**

눈이 텁텁하면서 가렵고 눈이 부실 때 뽕잎과 단국화 각 15g을 달이면서 피어오르는 김을 쏘이고 달인 물로 눈을 씻어주면 좋다.

각막궤양이 있을 때

Dr's advice

각막 겉면이 헐고 핏발이 서는 눈병을 말하는데, 각막의 상처인해 세균이 침입하여 나타나는 경우가 많다. 증상은 각막이 혼탁해지고 시력이 떨어지며 심하면 실명까지 할 수 있다.

【효과가 있는 약초약재藥草藥材】

● 꿀
각막궤양일 때 꿀 1g을 증류수 15㎖에 푼 다음 눈에 2방울씩 1일 2회 나눠 넣어주면 효과가 좋다.

● 돼지열
각막궤양에서 감염을 예방할 때 불에 말린 돼지열을 깨알 크기로 떼어 내 아침 저녁으로 나눠 한 번씩 눈에 넣는다.

● 물푸레껍질
눈이 부시고 통증이 올 때 잘게 썬 물푸레껍질 12g을 달일 때 나오는 김을 눈에 쐬고 달인 물에 적신 면봉으로 눈을 씻어낸다.

● 용담
통증과 시력향상엔 용담 30g을 달여 건더기를 건져내고 고약처럼 다시 졸여 1일 3번 나눠 눈에 넣어주면 된다.

초발백내장이 있을 때

Dr's advice

노화과정의 일부로 수정체가 점점 흐려지는 현상을 말한다. 증상은 시력이 약해져 눈앞이 희뿌옇게 또는 겹쳐 보인다.

【효과가 있는 약초약재藥草藥材】

약누룩, 자석, 주사

시력저하와 향상에 약누룩 50g, 자석 24g, 주사 10g을 섞어 가루로 만들어 꿀로 반죽해 1알을 0.4g짜리 환으로 제조해 1회 7g씩 1일 3번 나눠 빈속에 복용하면 효과가 있다. 장기복용하면 소화 장애가 나타나기 때문에 주의해야 한다.

야맹증이 있을 때

Dr's advice

눈이 밝은 곳에서 어두운 곳으로 전환될 때 빨리 적응하지 못해 밤에 시력이 떨어지는 현상을 말한다.
원인은 망막의 간상세포 능력을 자하시키는 병이나 로돕신의 결핍으로 나타난다. 후천적으로는 비타민 A가 부족해서 발생한다.

【효과가 있는 약초약재藥草藥材】

● 뱀장어
비타민 A결핍으로 나타나는 야맹증엔 뱀장어 90g을 1회에 구워 1일 2번 나눠 복용하면 효과가 좋다.

● 댑싸리씨, 결명자
야맹증이 왔을 때 댑싸리씨와 결명자 각 8.4g을 섞어 가루로 만들어 1알에 0.4g짜리 환으로 제조해 1회 7알씩 1일 3번 나눠 끼니사이에 미음과 함께 2일간 복용하면 된다.

● 솔잎
야맹증 초기일 때 솔잎 35g씩 달여 1일 2번 나눠 복용하면 좋다.

● 진주조개살, 꿀, 잉어열
야맹증일 때 진주조개살 5g에 꿀 380㎖와 잉어열 3개를 섞어 달여 눈에 자주 넣어주면 된다.

안검연염이 있을 때

Dr's advice

결막과 피부결합 부위인 눈시울에 생기는 염증을 말하는데, 습진성인과 화농성인 것으로 나눠진다. 원인은 황색 포도상 구균과 진균 등이며 치료가 어렵다. 증상은 속눈썹부위가 빨갛게 되고 고름이 차면서 몹시 가렵고 통증이 있다.

【효과가 있는 약초약재藥草藥材】

● 꿀
안검연염일 때 꿀을 소독한 천에 듬뿍 묻혀 잠자기 전에 눈에 얹어 고정시킨 다음 잔다.

● 단풍나뭇잎
눈이 출혈되고 가려울 때 단풍나뭇잎 1.2kg을 진하게 달여 건더기를 건져내고 다시 엿처럼 졸여 눈에 바르면 효과가 있다.

● 물푸레나무껍질
염증이 있을 때 물푸레나무껍질 180g에 물 250㎖를 넣어 80㎖의 양으로 달여 1일 3번 눈을 씻어내면 효과가 좋다.

● 매자나무
안검연염 초기증상일 때 눈곱이 끼고 통증이 있을 때 가시 채로 썬 매자나무 180g에 물 250㎖를 넣어 80㎖의 양으로 달여 1일 3번 눈을 씻어내면 된다.

● 황련

속눈썹부위가 빨갛게 되면서 통증이 있을 때 황련 3g을 달여 1일 2번 나눠 복용하거나 달인 물로 눈을 씻어도 괜찮다.

약시가 있을 때

Dr's advice

한쪽 또는 양쪽 눈이 잘 조이자 않는 약한 시력을 말한다. 증상이 일시적일 수도 있지만, 영구적일 경우에는 치료, 훈련, 안경 등으로도 정상적인 시력을 되찾을 수가 없다. 특히 비타민 A결핍으로도 나타난다.

【효과가 있는 약초약재藥草藥材】

● 칠성장어

시력이 저하될 때 칠성장어 적당량에 간장을 발라 구워서 1회 80g씩 1일 2번 나눠 10일 동안 먹으면 된다.

● 미꾸라지

시력향상을 위해 미꾸라지를 통째로 삶아 1회 80g씩 1일 2번 나눠 먹으면 된다.

● 감국

시력이 약해 잘 조이지 않을 때 감국 17g을 물 320㎖에 넣어 120㎖의 양으로 달여 1일 3번 나눠 먹으면 좋다.

● 댑싸리씨, 찔레나무열매, 구기자

평소보다 시력이 떨어졌을 때 댑싸리씨, 찔레나무열매, 구기자 각 5g을 섞어 가루로 만들어 1회 5g씩 1일 3번 나눠 따뜻한 물로 복용하면 효과가 있다.

● 남가새열매

눈을 밝게 할 때 남가새열매 10g을 달여 1회 18㎖씩 1일 3번 나눠 끼니 뒤에 복용하면 좋다.

● 산딸기

눈이 침침할 때 산딸기 15g을 달여 1일 3번 나눠 복용하면 효과가 있다.

● 토사자, 숙지황, 차전자

눈을 밝게 할 때 토사자, 숙지황, 차전자 각 6g을 섞어 가로로 만들어 1회 6g씩 1일 3번 나눠 복용하면 좋다.

코

질환의 질병

코염(비염)이 있을 때

Dr's advice

콧속의 점막에 생기는 염증을 통틀어 일컫는 말로 냄새 코염, 비후 코염, 위축 코염, 알레르기 코염 등이 있다. 급성코염은 세균이나 바이러스가 코 점막에 침입하거나 급격한 기후변화나 강한 화학 약의 자극 등이 원인이다. 만성코염은 급성코염의 되풀이에서 나타나는데, 증상은 급성과 마찬가지로 코 안 점막이 벌겋게 붓고 코맹맹이 소리가 나며 콧물이 나온다. 또한 냄새를 전혀 맡지 못하고 두통까지 동반된다.

【효과가 있는 약초약재藥草藥材】
● 참기름
 만성 단순성 코염으로 코가 막히고 콧물이 흐를 때 참기름을 끓여 2방울씩 코 안에 넣어주다가 점점 양을 늘려 6방울씩 1일 2번 넣어주면 치료가 된다.

● 수세미외
 만성 위축성 코염으로 누른 콧물, 코 막힘, 냄새를 맡지 못할 때 수세미외줄기 12g을 적당하게 썰어 달인 다음 한 번에 먹거나, 볶아서 가루로 만들어 코 안에 넣어주면 낫는다.

● 창이자
 만성 비후성 코염일 때 창이자를 볶아 가루로 만들어 알코올(90%)에 담가 침전시킨다. 10일 후 윗물을 버리고 침전된 가루를 말린 다음 꿀에 반죽해 0.4g짜리 환으로 만들어 1회 3알씩 1일 2번 나눠 14일간 복용하면 효과가 좋다.

● 석창포, 조각자
 막힌 코를 뚫리게 할 때 석창포와 조각자 각 2g을 가루로 만든 4g을 소독한 천에 싼 다음 콧구멍 안으로 밀어 넣고 1시간 누워 있으면 효과가 있다.

● 목단피
 알레르기성 비염일 때 목단피 6g을 달여 1일 한번씩 12일간 잠자리에 들기 전 복용하면 된다.

● 초오, 삽주, 천궁

비염으로 콧물이 많을 때 법제한 초오 10g, 삽주 3g, 천궁 8g을 섞어 만든 가루를 물로 반죽해 0.2g짜리 환으로 제조해 1회 7알씩 끼니 뒤에 찬물로 15일간 복용하면 좋다.

● 현삼

코염, 인후두염, 구강염, 상기도염일 때 현삼 20g을 짓찧어 낸 즙을 코 안에 바르거나, 말려서 만든 가루를 코 안에 뿌려주면 된다.

● 무

코가 막혔을 때 무즙을 면봉에 묻혀 1일 3번씩 코 안에 발라주면 된다.

● 참외꼭지

코의 군살을 줄일 때 말린 참외꼭지로 가루를 만들어 1일 2번 코 안에 불어넣으면 된다.

● 지렁이, 주엽나무열매

코의 군살을 줄일 때 목에 흰 띠가 있는 지렁이 1마리와 주엽나무열매 1개를 태워 가루로 만들어 꿀에 개어 코 군살에 바르면 효과가 좋다.

상악동염이 있을 때

Dr's advice

축농증(부비동염)의 한 종류로 콧구멍 옆의 상악동에 병균(포도알균, 사슬알균, 폐염균, 인플루엔자균)에 침입해 염증이 나타난 것을 말한다. 축농증 가운데 발병률이 가장 높기도 하다. 병의 경과에 따라 급성과 만성으로 나눠는데, 급성은 오한과 열이 나고, 머리와 얼굴에 통증이 동반된다. 코 안 분비물이 많고 역한 냄새와 함께 코가 막혀 냄새를 맡지 못한다. 이런 증상을 방치하면 만성 상악동염으로 넘어간다.

【효과가 있는 약초약재藥草藥材】

● 마타리
코가 막혔을 때 마타리 7g을 물 70㎖에 달여 1일 3번 나눠 복용하면 좋다.

● 중대가리풀(토방풀)
채치기와 코가 막히고 누른 코가 나올 때 중대가리풀(토방풀) 20g을 가루로 만들어 1회 20씩 1일 3번 코 안에 불어넣어주면 효과가 좋다.

● 수세미외줄기
상악동 염증과 코가 막혀 냄새를 맡지 못할 때 수세미외줄기 13g을 달여 6일간 잠자리에 들기 전에 복용하면 된다.

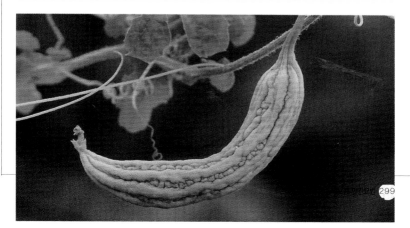

코 막힘이 있을 때

Dr's advice

코가 막혀 숨을 쉴 때도 부자연스럽고 답답하며 코를 풀어도 다시 메이는 콧병을 말한다. 원인은 세균이나 바이러스가 직접 코 점막에 침입했을 때, 기후변화, 화학물질자극 등이다. 급성비염에서 만성비염으로 전환된 것은 축농증, 비후성 비염, 감기 등이다. 증상은 코가 막혀 집중력이 저하되고 기억력이 나빠지면서 두통, 머리 무거움, 냄새를 맡지 못한다.

【효과가 있는 약초약재藥草藥材】

● 무
코감기와 염증으로 코가 막힐 때 무즙을 면봉에 묻혀 콧구멍 안에 자주 발라주면 된다.

● 창이자, 금은화, 꼭두서니
비염으로 코가 막히고 콧물이 나올 때 창이자, 금은화 각 15g, 꼭두서니 12g을 달여 1일 3번 나눠 복용하면 좋다.

● 대추, 감초
염증으로 코가 막힐 때 말린 대추 20g과 감초 5g을 달여 한 번에 복용하면 된다.

● 참기름
염증제거와 건조한 코일 때 참기름을 끓여 콧구멍에 3방울씩 넣어주다가 조금씩 늘려 5방울씩 1일에 3번 넣어준다.

● 수세미외줄기
코가 막혔을 대 수세미외줄기 12g을 진하게 달여 먹거나, 불에 볶아 가루로 만들어 3번 코 안에 불어넣어도 좋다.

귀
질환의 질병

중이염이 있을 때

Dr's advice

중이에 생기는 염증을 말하는데, 세균이나 바이러스감염 또는 중이의 알레르기질환 등이 원인이다. 이 질환은 급성과 만성으로 나뉘지는데, 급성은 열이 나면서 귀가 쑤시고 찌르는 듯 한 통증이 나타난다. 하지만 고막이 터지면서 고름이 밖으로 나오면 통증은 사라진다. 만성은 고름은 나와도 잘 낫지 않으며, 통증이 없고 귀에서 고름이 나오면서 점점 들리지 않게 된다.

【효과가 있는 약초약재藥草藥材】

● 개열, 붕산, 알코올
급성·만성 염증과 고름이 나올 때 붕산 4g, 알코올(90%) 7㎖, 증류수 60㎖에 개열 25g을 풀어 병안에 담아 뚜껑을 닫고 증기로 소독한다. 냉장고에 보관하면서 1일 2번씩 고름을 닦아내고 2방울씩 귀 안에 넣어주면 된다.

● 개염, 알코올, 석웅황
알코올(50%) 60㎖에 개열 2.5개를 풀어 5일 동안 변질되지 않게 보관했다가 면봉에 묻힌 다음 다시 석웅황 가루를 묻혀 귓속 깊이 1일 2번씩 7일간 갈아 넣어주면 효과가 좋다.

● 칠성어기름, 백반
귀에서 고름이 나오고 통증이 있을 때 칠성어기름 12㎖에 백반 1g을 섞어 소독한 약천(작당한 크기)에 묻혀 귀안에 깊숙이 넣어주면 된다.

● 뱀장어기름
오래된 만성중이염엔 뱀장어기름을 면봉에 묻혀 귀 안에 바르거나, 2방울씩 귀 안에 넣어주면 된다.

● 개사철쑥

고름이 나올 때 개사철쑥 가루를 면봉에 묻혀 귀 안에 넣어주면 효과가 좋다.

● 창포뿌리 · 줄기

귀안이 붓고 열과 고름이 나올 때 창포뿌리와 줄기를 짓찧어 짠 즙을 1일에 2방울씩 아침저녁으로 귀 안에 넣어준다.

외청도염이 있을 때

Dr's advice

외이도에 생기는 염증을 말하는데, 여름철에 잘 생기고 원인은 귀안의 털구멍, 피지선, 귀지를 내보내는 구멍에 균이 침입해 발생한다. 다시 말해 머리핀, 성냥개비, 더러운 손 등으로 귀지를 파내거나 귓구멍을 후빌 때이다. 증상은 초기일 뜨끔뜨끔하게 통증이 오다가 점점 심하게 쑤시는데, 귀를 만질 수 없을 정도의 통증이다.

【효과가 있는 약초약재藥草藥材】

● 호이초
붓기와 통증이 있을 때 호이초 12g을 짓찧은 즙을 1회 2방울씩 1일 3번 귓구멍에 넣고 솜으로 귓구멍을 막아두면 좋다.

● 아주까리
염증이 나올 때 귀안을 깨끗이 닦아낸 다음 아주까리기름을 면봉에 묻혀 귀안에 1일 3번씩 발라주면 된다. 이때 매번 면봉을 바꿔줘야 한다.

● 꽈리
곪았을 때 익은 꽈리로 짠 즙을 귀안에 넣어주면 효과가 있다.

● 대황, 황백(황경피나무껍질)
붓고 염증이 있을 때 대황과 황백(황경피나무껍질)을 각 7g을 섞어 만든 가루를 물로 개어 귀안에 발라준다.

● 호두살
고름이 나올 대 호두살 80g을 콩기름 150㎖으로 튀겨 건더기를 건져내고 면봉에 기름을 묻혀 1일 한 번씩 귓구멍에 넣어주면 된다.

메니에르병이 있을 때

【효과가 있는 약초약재藥草藥材】

● 오미자, 술

현기증과 발작일 때 오미자 250g을 15일간 술 550㎖에 담갔다가 건더기를 짠 물을 1회 12㎖씩 아침저녁으로 복용하면 효과가 있다.

이명이 있을 때

Dr's advice

소리가 없는데도 귀에 잡음이 들리는 현상을 말하는데, 원인은 귀의 질환이나 정신흥분, 청신경중독을 일으키는 약물, 높은 음향작용을 받았을 때 청신경에 병적자극이 생겨 발생한다. 심한 경우에는 청력을 잃을 수도 있다.

【효과가 있는 약초약재藥草藥材】

● 석웅황, 유황

청신경염 초기에 바람소리가 나고 불안할 때 석웅황과 유황 각 5g을 섞어 만든 가루 10g을 천에 싼 다음 귓구멍을 막거나 귀에 대기를 5일간 해주면 좋다.

● 백지뿌리, 오미자, 입쌀

이명을 앓고 난 뒤 재발했을 때 오미자 10g에 물로 달여 건더기를 건져내고 달인 물에 입쌀 80g을 넣어 죽을 쑨 다음 백지뿌리가루 3g을 섞어 잠들기 전 5일간 복용하면 된다.

● 호이초

중이염을 앓고 난 이명소리와 귀가 어두울 때 호이초를 짓찧어 낸 즙을 1회 3방울씩 1일 2번 귓구멍에 넣어주면 효과가 있다.

● 흰맨드라미잎 · 꽃

이명 제거와 귀를 밝게 할 때 말린 흰맨드라미 잎과 꽃 60g을 물 320㎖로 달여 건더기를 건져내고 1일 2번 1회 70㎖씩 먹으면 된다.

● 지렁이, 꿀

뇌막염을 앓고 난 뒤 이명이 왔을 때 지렁이 1마리를 하루 동안 물 담은 그릇에 넣어두면 흙을 토해낸다. 이 지렁이를 건져 꿀 2큰 술에 넣어두면 녹아서 엑기스가 된다. 엑기스를 1회 2방울씩 1일 2번 귀안에 넣어주면 된다.

입
질환의 질병

구강염이 있을 때

Dr's advice

입의 안쪽 벽, 잇몸, 혀 등에 생기는 염증으로 호흡기 질환, 위장 질환, 임신, 과로, 비타민부족, 입안 이상 등이 원인이다. 증상은 원인에 따라 입 안쪽 벽이 붓거나, 헐어서 피가 나거나, 궤양 등이다. 특히 입안에서 역한 냄새가 나고 심하면 통증으로 음식섭취가 어렵다.

【효과가 있는 약초약재藥草藥材】

● 결명자
입안 궤양이나 흰점막이 생겼을 때 결명자를 진하게 달여 한 모금 물고 3분간 3번씩 뱉기를 1일 3회 실행한다.

● 대황
포도 균으로 생긴 구강염과 입술 궤양일 때 잘게 썬 대황 30g에 물 250㎖를 넣고 100㎖ 양으로 달여 1일 4번씩 입안을 가글하면 효과가 있다.

● 백반
궤양과 통증이 있을 때 백반 12g을 뜨거운 물 1/2사발에 풀어 따뜻하게 가글하거나, 백반을 볶아 가루로 만들어 1회 0.2g씩 입안에 뿌려주면 된다.

● 가지꼭지
입안 점막궤양이나 피가 나올 때 가지꼭지를 구워 가루로 만들어 1일 3번 입안에 발라주면 된다.

● 붉나무
통증과 염증, 궤양일 때 붉나무를 볶아 가루로 만들어 1회 3번 정도 부위에 뿌리면 효과가 있다.

● 황백(황경피나무껍질)

입 질환 동의보감 민간요법

화농균 박멸과 염증치료엔 황백(황경피나무껍질)의 누런 부분을 떼어 진하게 달인 물을 1일 4번 정도 부위에 발라주면 효과가 있다.

● **백반, 돼지열물, 인단**
입안 염증과 통증이 심할 때 백반, 돼지열물, 인단 각 7g을 섞어 가루로 만들어 1일 4번 정도 입안에 바르면 된다.

● **백반, 붕산, 곱돌**
입안의 염증과 통증이 있을 때 구운 백반 25g, 붕산 45g, 곱돌 30g을 섞어 가루로 만들어 1일 4번 5일간 입안에 발라주면 효과가 좋다.

● **황련, 황금, 황백(황경피나무껍질)**
입안이 붓고 궤양일 때 황련, 황금, 황백(황경피나무껍질) 각 3g을 가루로 만들어 컵에 담고 끓인 물을 부어 우려낸 다음 1일 8번 정도 입안을 가글하면 좋다.

● **물레나물**
입안에 염증과 대장염일 대 물레나물 15g을 물 230㎖에 달여 1회 25㎖씩 1일 4번 나눠 끼니 뒤에 복용하면 효과가 좋다.

● **고추나물**
입안이 헐었을 때 고추나물 60g을 물 220㎖로 달여 1회 20㎖씩 1일 3번 나눠 복용한다.

● **백반, 소금, 청밀**
입안이 헐거나 염증이 있을 때 구운 백반 25g과 소금 12g을 청밀 7g으로 개어 1일 2번 입 안에 바르면 좋다.

● **세신, 황금**

통증과 피가 하고 통증이 있을 때 세신 40g, 황금뿌리 60g을 물 1ℓ에 달여 건더기를 건져내고 달인 물을 1일 3번 가글한다.

치통이 있을 때

Dr's advice

이가 아파서 통증을 느끼는 증세로 원인은 충치, 파절, 마모증, 치수염, 치은염, 치조농루증 등이다. 치통은 밤에 더 심해져 잠까지 설치게 할 정도로 몹시 아프다.

【효과가 있는 약초약재藥草藥材】

● 알로에

치통이 심할 때 알로에를 충치구멍에 쑤셔 넣고 이빨로 물고 있으면 효과가 있다.

● 세신, 백지

치통이 심할 때 세신과 백지 각 10g을 달여 1일 3번 가글하면 좋다.

● 초피나무열매, 말벌집

치통과 염증이 있을 때 초피나무열매와 말벌집 각 21g을 섞어 가루로 만든 다음 1회 7g씩 소금 1순가락을 넣고 물에 달여 1일 6번 가글하면 낫는다.

● 박하기름

치통이 쿡쿡 쏠 때 박하기름을 면봉에 묻혀 충치구멍에 1일 4번을 넣어주면 좋다.

● 해당화뿌리

충치로 치통이 심할 때 잘게 썬 해당화뿌리를 45g을 6시간 물에 달인 다음 1회 15㎖씩 1일 3번 나눠 복용하면 좋다.

● 용뇌, 붕사

치통이 심할 때 용뇌와 붕사 각 7g을 섞어 가루로 만들어 1일 4회 잇몸에 발라주면 효과가 있다.

● 붉나무

치통이 심할 때 국소마취효과가 있는 붉나무 볶아 가루로 만들어 1일 4번을 충치구멍에 넣어주면 효과가 있다.

● 소금

치통이 심할 때 소금을 보드랍게 만들어 1일 3회 이빨을 문지르거나 3g을 끓는 물에 넣어 1일 6번 양치하면 좋다.

치은염이 있을 때

Dr's advice

잇몸에 나타는 염증으로 잇몸이 붓고 이빨이 들떠 음식물을 잘 씹지 못한다. 원인은 치조농루, 치통 등이다. 치은염을 단순선, 비대성, 궤양성으로 나누며, 증상은 잇몸이 붓고 붉어지면서 피가 자주 난다. 하지만 비대성 치은염은 앞 잇몸부위가 붓지만 통증이 없다. 궤양성 치은염은 잇몸 변두리가 파이고 약한 자극에도 피가 나오면서 냄새가 심하게 난다.

【효과가 있는 약초약재藥草藥材】

● 백반

부은 것이 가라앉고 가려우면서 통증이 있을 때 구운 백반 12g을 가루로 만들어 1회 12g씩 물에 푼다. 건더기는 건져내고 물만 3분간 입안에 물고 있다가 뱉으면 된다.

● 인진쑥, 담배잎

염증이 심하면서 잇몸이 붓고 이가 들떠 있을 때 말려서 잘게 썬 인진쑥과 담배잎 각 2g에 알코올(75%)과 박하뇌 0.1g을 섞어 담배처럼 말아 불을 붙여 한 모금씩 들이켜 2분간 1일 3번 입에 물고 있으면 낫는다.

● 뱀허물

잇몸이 붓고 통증이 있을 때 뱀허물 가루 2g을 가루로 만들어 잇몸에 5번 이상 발라주면 된다.

● 백반, 말벌집

잇몸에 염증과 붓기가 있을 때 구운 백반과 말벌집 각 5g을 달여 건더기를 건져내고 따뜻한 물만 한 모금 입안에 물고 있다가 식으면 뱉어내면 된다.

● 명반
이뿌리가 부실할 때 아침저녁 치약으로 양치질한 다음 명반을 6%농도로 푼물로 3일간 가글하면 된다.

● 붉나무
잇몸이 붓고 통증이 있을 때 붉나무 15g을 가루로 만들어 식초로 반죽해 잇몸에 발라주면 효과가 있다.

● 제비고깔
이가 탁탁 쏘고 통증이 있을 때 제비고깔 7g을 달여 자주 양치질 하면 좋다. 주의할 점은 달인 물을 먹지 말아야 한다.

● 세신
잇몸이 몹시 붓고 아플 때 세신을 진하게 달인 물을 따뜻하게 덥혀 1일 3번 양치하면 효과가 있다.

치조농루가 있을 때

잇몸에서 피나 고름이 나오는 질환으로 원인은 치석이나 세균감염 등으로 나타나고 입안 냄새가 지독하며, 이가 흔들리다가 빠진다. 증상은 점차 잇몸이 가려워지고 이틀이 저리다가 더 진행되면 칫솔질이나 고체음식을 섭취할 때 잇몸에서 피가 난다. 잇몸을 손으로 누르면 고름이 나온다.

【효과가 있는 약초약재藥草藥材】

● 승마

잇몸이 붓고 피고름이 나올 때 승마 9g을 달여 1일 3번 나눠 먹거나 달인 물로 1일 6번 이상 가글하면 효과가 있다.

● 인진쑥

잇몸이 붓고 염증이 있을 때 잘게 썬 인진쑥 2g을 알코올 (75%)과 박하뇌를 0.1g 섞어 담배처럼 말아 불을 붙어 한 모금 들이켜 2분간 6번 물고 있으면 된다.

● 달걀노른자 기름

잇몸 염증과 피고름이 날 때 아침저녁 소금물로 양치한 다음 달걀노른자 기름을 면봉 묻혀 잇몸에 3일간 발라주면 멎는다.

● 왕지네, 구운 백반

잇몸 염증과 피고름이 있을 때 왕지네와 구운 백반 각 2g을 섞어서 가루로 만들어 1일 3번 잇몸에 바르면 낫는다.

● 붉나무

잇몸 염증으로 부었을 때 붉나무 6g을 진하게 졸인 1회 20분간 3번 입안에 물고 있다가 뱉으면 효과가 있다.

● 소열

입안 냄새와 고름이 날 때 소열 30g에 물 60㎖로 진하게 달여 1회 2번 10일간 잇몸에 바르면 치료된다.

● 대황, 박하기름

잇몸이 붓고 염증과 고름이 날 때 대황 9g을 물 150㎖로 40분간 진하게 달여 건더기를 건져내고 박하기름 0.1g을 섞어 1일 아침저녁 2번 1회 2분간 입안에 물고 있다가 뱉어내면 효과가 있다.

● 팥꽃나무꽃

잇몸 염증과 붓고 아플 때 팥꽃나무꽃 5g에 물 400㎖를 붓고 120㎖ 양으로 달여 1회 12㎖씩 1일 3번 1분간 끼니 뒤에 입에 물고 있다가 뱉어내면 된다.

● 호장근

잇몸이 붓고 통증이 있을 때 잘게 썬 호장근 70g에 물 1ℓ 를 붓고 1/2의 양으로 달여 1일 3번 3일간 양치해주면 효과가 좋다.

혀의 궤양이 있을 때

Dr's advice

다양한 원인으로 혓바닥 모서리나 혀 밑에 나타나는 염증성 궤양을 말하는데, 원인은 갱년기, 빈혈, 비타민 B12 결핍, 충치로 인한 상처 등이다. 증세는 혀 끝이 빨개지고 찌릿찌릿한 통증과 혀에 무엇이든 닿으며 심한 통증이 나타나 식사나 말하기가 곤란해진다.

【효과가 있는 약초약재藥草藥材】

● 우슬초
황색 포도알균, 백색 칸디다일 때 우슬초 30g을 물 80㎖에 12시간 담가 건더기를 건져내고 우려낸 물을 1일 3번 한 모금씩 물고 가글하면 된다.

● 황백(황경피나무껍질), 꿀
염증일 때 황백(황경피나무껍질) 30g을 가루로 만들어 꿀 60g에 섞어 1일 3번 나눠 복용하면 좋다.

● 오징어뼈, 포황
피나고 궤양일 때 오징어뼈, 포황 각 6g을 섞어 가루로 만들어 1일 4번 부위에 바르면 효과가 있다.

● 향유
피가 날 때 향유 35g에 물 200㎖를 붓고 100㎖로 진하게 달여 1일 3번 나눠 먹거나 달인 물로 양치질하면 된다.

● 속새
혀가 헐었을 때 속새 25g에 물 320㎖를 붓고 160㎖로 진하게 달여 아침저녁으로 나눠 양치질하면 낫는다.

● 붉나무, 곱돌, 황백(황경피나무껍질)

염증이 심할 때 붉나무 35g, 곱돌 15g, 꿀을 발라 구운 황백(황경피나무껍질) 15g을 섞어 가루로 만들어 1일 3번 끼니 전에 양치질을 하면서 발라주면 된다.

● 싸리나무

혀에 궤양이 심할 때 1년 묵은 싸리나무를 12cm길이로 잘라 한 줌씩 묶어 끝에 불을 붙여 기름을 추출한다. 이 기름을 1일 3번 부위에 바르면 된다.

● 복숭아씨

궤양이 있을 때 복숭아씨 5개를 짓찧어 돼지기름 2큰 술에 개어 부위에 바르면 된다.

● 참대잎, 백모근

혀에 궤양과 통증이 있을 때 참대잎과 백모근 각 10g을 달여 1일 2번 나눠 복용하면 된다.

● 참대잎, 세신

궤양과 통증과 염증이 있을 때 참대잎과 세신 각 30g을 물 350㎖로 달여 1일 6회 이상 가글하면 된다.

인 · 후두
질환의 질병

인 · 후두염(목감기)이 있을 때

Dr's advice

감기, 목감기, 상기도 감염에 해당하는 질병으로 바이러스가 인두, 후두를 포함한 상기도 점막에 침입해 나타나는 염증성반응을 말한다. 목안 뒷벽점막을 중심으로 염증이 발생하면 인두염이고, 울대점막에 염증이 발생하면 후두염이라고 한다. 증상은 목안 뒷벽에서 찐득찐득한 점액이 많이 생기고 가래가 목안에 붙어 있는 것 같으며, 마른기침과 잔기침이 많다. 또한 목안 뒷벽점막이 벌겋게 된다. 심하면 목소리가 전혀 나오지 않는다.

【효과가 있는 약초약재藥草藥材】

● **도라지, 감초**

염증을 가라앉힐 때 도라지 25g과 감초 10g을 달여 1일 3번 나눠 끼니 뒤에 복용하거나, 도라지 8g을 물 100㎖로 달여 1일 3번 나눠 먹어도 효과가 좋다.

● **구운 백반, 감수**

인두 벽의 염증을 제거할 때 구운 백반과 법제한 감수 각 7g을 섞어 가루로 만들어 목안으로 불어넣어주며 된다.

● **잉어열, 붕산가루**

인두와 후두에 염증이 있을 때 잉어 1kg짜리에서 얻은 말린 열 1개와 붕산 15g을 섞어 가루로 만들어 1일 2회 목안에 불어넣어주면 가라앉는다.

● **미역취**

인 · 후두염, 편도염, 백일해, 타박상, 적리 등일 때 미역취 20g을 달여 1일 3번 나눠 끼니 뒤에 복용하면 효과가 좋다.

인 · 후두 질환 동의보감 민간요법

● 승마

인두와 후두에 염증완화에 승마가루 5g을 소독한 천에 싼 다음 입안에 넣어 빨아서 침으로 삼키면 된다.

● 복숭아나무껍질

인·후두에 염증이 심할 때 복숭아나무껍질 60g을 짓찧어 낸 즙으로 1회 20㎖씩 1일 3번 달여 끼니 뒤에 복용하면 된다.

● 애기풀

가래가 있고 목구멍이 아플 때 애기풀 15g을 물 150㎖에 달여 1일 3번 나눠 끼니 뒤에 복용하면 낫는다.

● 새모래덩굴

후두염, 편도염, 고혈압, 간암 등일 때 새모래덩굴 6g으로 만든 가루를 1회 3g씩 2번씩 2분간 입안에 넣었다가 침과 함께 뱉어내면 된다.

● 황백(황경피나무껍질)

목안 염증일 때 황백(황경피나무껍질) 가루 2.5g에 끓은 물을 부어 우려낸 물로 1일 10번 정도 양치하면 가라앉는다.

● 장구채

목안 초기 염증일 때 장구채 10g을 달여 1일 3번 나눠 끼니 뒤에 복용한다.

● 타래붓꽃씨, 우엉씨

목구멍이 붓고 통증이 있을 때 타래붓꽃씨 25g, 우엉씨 15g을 가루로 만들어 1
번에 1/2순가락씩 따뜻한 물과 함께 1일 3번 나눠 복용하면 된다.

● 범부채

목안이 붓고 아프며 기침이 나거나 구강염과 편도염일 때 범부채 5g을 물 180
㎖에 달여 1일 3번 나눠 끼니 뒤에 복용하면 효과가 있다.

● 꿩의다리뿌리

어린이 인·후두염일 때 꿩의다리뿌리 80g을 물 250㎖에 달여 건더기를 건져
내고 80㎖의 양으로 졸여 설탕(농도 60%)을 가미해서 먹으면 된다.

● 돌나물

목 염증일 때 돌나물 30g을 달여 1일 3번 나눠 끼니 뒤에 복용하면 된다.

편도염이 있을 때

Dr's advice

편도샘에 생기는 염증으로 편도샘이 벌겋게 붓고 아파 음식물을 삼키기가 어렵다. 원인은 과로하거나 감기에 걸렸을 때 화농성 세균의 침입으로 생긴다. 편도염은 급성과 만성으로 나눈다. 급성은 목안이 간지럽고 뜨끔뜨끔하게 아프며, 침이나 음식을 넘길 때 심하다. 병이 진행되면 열과 함께 허리나 팔다리 뼈마디들이 쑤시고 편도가 곪아 통증이 매우 심해진다. 이때를 놓치면 만성이 되는데, 심한 증상보다 재발이 잦고 목안이 아프고 근질근질하면서 입안에서 냄새가 난다.

【효과가 있는 약초약재藥草藥材】

● 송이버섯

편도의 염증으로 통증이 있을 때 말린 송이버섯을 가루로 만들어 양쪽 편도부위에 뿌려준 다음 약 20분 후 물을 마시면 된다. 4번을 반복하면 효과가 있다.

● 위령선

편도염증과 통증을 가라앉힐 때 위령선 줄기와 잎을 1일 50g씩 달여 3번 나눠 끼니사이에 복용하면 된다.

● 주엽나무열매

급성 편도염일 때 주엽나무열매 20g을 달여 1일 2번 나눠 끼니사이에 복용하면 낫는다.

● 자작나무껍질

편도염증과 급성 편도염일 때 자작나무껍질 35g을 달여 1일 2번 나눠 끼니 전에 복용하면 효과가 좋다.

● 세신

어린이 편도염일 때 세신 20g을 가루로 만들어 꿀물에 개어 배꼽부위에 3일간 붙여두면 낫는다.

● 우엉씨, 감초

편도염증이 심할 때 우엉씨와 감초 각 5g을 거친 가루로 만들어 10g씩 달여 입 안에서 3분간 가글하다가 삼키면 좋다.

● 금은화, 감초

붓기와 편도염증이 있을 때 금은화 20g과 감초 5g을 달여 1일 6번씩 가글하면 된다.

● 달걀, 식초

편도염증과 통증이 있을 때 달걀 2개를 식초 8㎖에 풀어 복용하면 사라진다.

● 황련, 황금, 황백(황경피나무껍질)

편도에 붓기와 통증이 있을 때 황련, 황금, 황백(황경피나무껍질)을 섞어 만든 가루 2g을 컵에 넣고 끓는 물을 부어 우려낸 다음 1일 7번 가글하면 효과가 있 다.

● 개미취뿌리

가래, 염증, 기침, 편도염, 급·만성기관지염, 기관지확장증일 때 개미취뿌리 7g을 물 220㎖로 달여 1일 3번 나눠 끼니 뒤에 복용하면 효과가 있다.

● 뱀딸기

열이 있고 편도가 붓고 통증이 있을 때 뱀딸기 200g을 짓찧어 따뜻한 물에 5시 간 담가 우러난 물을 1회 40㎖씩 1일 3번 나눠 복용하면 좋다.

피부
질환의 질병

농가진이 있을 때

Dr's advice

연쇄상 구균이나 포도상 구균 등에 감염되면서 피부에 고름이 생기고 딱지가 앉는 피부병을 말한다. 특히 무덥고 습기 찬 여름에 비위생적인 환경을 통해 어린이들에게 많이 생기는 전염성 높은 질환이다. 증상은 얼굴, 목, 머리, 팔 등 땀이 많이 나는 곳에 콩알 크기의 투명한 물집이 생긴다. 물집이 진행되면 곪게 되고 이것이 터져 고름이 흘러나와 다른 부위에 묻으면 또다시 물집과 고름집이 생긴다.

【효과가 있는 약초약재藥草藥材】

● 호이초

물집이나 고름집이 터졌을 때 호이초즙 5g에 약간의 분가루를 섞어 묽은 고약으로 만들어 발병부위에 1일 3번 나눠 바르면 낫는다.

● 꿀, 아연화, 녹말

피부가 가렵고 고름집이 터져 진물이 나올 때 아연화가루 8g, 녹말 16g을 꿀 80g에 개어 발병부위에 바르면 된다.

● 붉나무

가려움과 진물, 고름이 나올 때 붉나무 7g을 불에 볶아 가루로 만들어 아침저녁으로 바르면 효과에 좋다.

뾰루지가 있을 때

Dr's advice

뾰족하게 부어오른 작은 부스럼으로 피지선이 많이 분포된 얼굴과 잔등, 목덜미 등에 많이 나타난다. 또한 허약체질, 당뇨병, 비타민결핍증일 때도 생긴다. 증상은 모낭을 중심으로 벌겋게 붓고 고름집이 생기며, 점점 커지면서 통증이 동반된다.

【효과가 있는 약초약재藥草藥材】

● 황백(황경피나무껍질), 꿀
뾰루지 염증과 붓기가 있을 때 황백(황경피나무껍질) 14g을 가루로 만들어 꿀 6g에 섞어 고약을 만들어 3일간 붙여주면 된다.

● 세숫비누, 꿀
뾰루지가 곪는 상태일 때 칼로 얇게 깎은 세숫비누 7g을 꿀 7g에 반죽해 고약으로 만들어 4일간 붙여주면 낫는다.

● 마늘
뾰루지 초기일 대 마늘 3쪽을 얇게 썰어 3일간 뾰루지에 얹어 반창고로 고정시켜준다.

● 하눌타리뿌리
뾰루지 초기에 하눌타리뿌리 7g을 강판에 갈아 즙을 내어 1일 3번 나눠 3일간 갈아붙여주면 된다.

● 독말풀꽃

얼굴에 뾰루지가 생겼을 때 말린 독말풀꽃 10g을 가루로 만들어 2g씩 물에 개어 붙여주면 낫는다.

● 민들레

뾰루지가 곪을 때 그늘에 말린 민들레뿌리 20g을 달여 1일 5번 나눠 차처럼 마시면 된다.

● 우엉씨

뾰루지가 생겼을 때 우엉씨 8개를 달여 복용하면 뾰루지가 없어진다.

● 청미래덩굴, 감초

뾰루지, 연주창(목 언저리에 생긴 여러 개의 멍울이 곪아터져 생긴 부스럼), 헌데, 악창(악성부스럼) 등일 때 잘게 썬 청미래덩굴 200g과 감초 18g을 달여 건더기를 건져내고 또다시 달여 100㎖의 양으로 좋여 1회 50㎖씩 2번 나눠 복용하면 효과가 좋다.

뾰루지 몰림이 있을 때

Dr's advice

뾰루지가 한곳에 몰려 피하조직까지 곪은 부스럼이다. 민간에서는 목덜미나 등에 잘 생기기 때문에 항종이나 등창으로도 불린다. 이런 집단부스럼은 갑자기 나타나며 피부가 벌겋게 부어오른다. 이와 함께 딱딱하고 멍울이지면서 고름 집과 여러 개의 근이 생긴다. 염증은 피하조직까지 깊숙이 들어가고 피부 주위 조직이 거멓게 된다. 증상은 통증이 심하면서 춥고 떨리면서 열이 난다.

【효과가 있는 약초약재藥草藥材】

● **다시마(곤포), 해인초**
딱딱하고 곪아있을 때 다시마(곤포)와 해인초 각 15g을 볶아 가루로 만들어 밥에 이겨 식초와 소금으로 간을 맞춰 먹으면 낫는다.

● **복숭아나무잎**
곪았을 때 복숭아나무잎 1kg을 물 1.5ℓ 로 달여 건더기를 건져내고 진하게 졸여 1일 2번 나눠 3일간 발라주면 낫는다.

● **큰꿩의비름잎**
큰꿩의비름잎 서너 개를 채취해 따뜻하게 데워 부스럼부위에 붙여주면 효과가 있다.

● 금은화, 연교

열과 곪았을 때 금은화 25g과 연교 60g을 진하게 달여 1일 2번 나눠 끼니 뒤에 복용하면 효과가 좋다.

● 미꾸라지

염증으로 붓고 곪았을 때 산 미꾸라지 2마리 배를 갈라 생살만 1일 3회 나눠 부위에 붙이면 치료된다.

● 백렴, 여로

피부화농성 질환일 때 백렴 10g과 여로 5g을 섞어 가루로 만들어 술에 개어 부위에 붙여주면 낫는다.

봉와직염(벌집염)이 있을 때

피부의 피하밑층에 심각한 염증을 지닌 결합조직의 미만염증을 말한다. 다른 말로 봉소염, 연조직염으로도 불린다. 원인은 상재균, 외인성 박테리아로 생길 수 있으면 과거 피부가 손상된 경우에 자주 나타난다. 예를 들면 물집, 화상, 벌레물림, 외상, 정맥주사 등이다. 이 질환이 점점 진행되면 피하조직, 근육, 골막까지 퍼지고 염증이 생기면 급성으로 퍼진다. 초기에 춥고 떨리면서 높은 열이 나며, 피부가 붓고 벌겋게 되면 통증이 심하다.

【효과가 있는 약초약재藥草藥材】

● 생지황, 목향

피부가 붓고 벌겋게 된 것과 상처를 치료할 때 생지황 16g을 짓찧어 8g을 천에 편 다음 그 위에 목향가루를 뿌린다. 여기에 다시 나머지 생지황 8g으로 덮어 부위에 붙이면 된다.

● 송진, 누에고치

염증이 퍼져나가는 것을 예방할 때 송진과 누에고치 각 10g을 섞어 불에 볶아 가루로 만들어 꿀에 개어 상처에 바르면 된다.

● 인동덩굴

염증과 통증, 피부가 붓고 추우면서 열이 날 때 인동덩굴 20g을 짓찧은 물에 개어 부위에 붙이면 효과가 있다.

● 백렴뿌리

염증제거와 붓기를 내리고 통증을 멈출 때 백렴뿌리 150g을 가루로 만들어 술로 섞어 엿처럼 개어 부위에 1일 한 번씩 7일간 발라주면 된다.

● 청미래덩굴

곪기 전과 곪은 것을 빨리 터지게 하려면 청미래덩굴 70g을 달여 1일 3번 나눠 끼니 뒤에 복용하면 된다.

● 왕지네

곪아터진 후 고름이 계속 나올 때 왕지네 가루 10g을 면봉에 묻혀 터진 곳에 넣어주면 낫는다.

● 금은화, 연교

염증이 생겼을 때 금은화와 연교 각 15g을 달여 1일 2번 나눠 끼니사이에 복용하고, 건더기를 염증부위에 올려 찜질해주면 된다.

● 할미꽃뿌리

염증이 생겼을 때 할미꽃뿌리 25g을 달여 1일 3번 나눠 먹고, 건더기를 염증부위에 찜질해주면 낫는다.

단독이 있을 때

Dr's advice

피부나 점막이 헐거나 상처, 습진 등에 연쇄상 구균과 같은 세균이 침입해 생기는 급성전염병을 말한다. 증상은 딱딱한 붉은 반점이 점점 확대되면서 높은 열과 함께 얼굴이 붉어지면서 쑤시고 아픈 통증이 있다. 또 다리, 목, 코, 인두 점막 등도 나타난다. 특징은 주위와 경계가 뚜렷하고 납작한 모양으로 빨갛게 부어오른다.

【효과가 있는 약초약재藥草藥材】

● 콩

화끈하고 통증이 있을 대 콩을 한줌을 삶아 짓이긴 다음 부위에 붙여주면 낫는다.

● 지렁이, 설탕

통증과 부기가 있을 때 지렁이 5마리를 12시간 물에 담가 흙을 게우게 한다. 산 지렁이를 건져 설탕 1/2큰 술을 섞어 짓이겨 1일 3번 3일간 부위에 바르면 된다.

● 달개비

독으로 벌겋게 붓고 열이 날 때 달개비 50g을 달여 1일 3번에 나눠 복용하고 건더기는 짓찧어 부위에 발라주면 된다.

● 제비꽃
부스럼, 헌데, 열, 염증일 때 제비꽃 50g을 짓찧어 낸 즙을 1일 3번 나눠 먹고, 건더기는 따뜻하게 해서 부위에 붙이면 된다.

● 황금뿌리, 치자
염증과 붓기가 있을 때 황금뿌리와 치자 각 12g을 섞어 가루로 만들어 물로 갠 다음 1일 3번 3일간 부위에 바르면 낫는다.

● 유근피, 달걀
단독이 곪지만 고름이 나오지 않을 때 유근피 가루 7g을 달걀흰자로 갠 다음 1일 2회 3일간 부위에 발라주면 효과가 좋다.

● 쪽잎(남엽), 참대진
염증과 열이 있을 때 쪽잎즙 7g과 참대진 2g을 섞어 부위에 바르면 낫는다.

● 쇠비름
열이 나고 어혈을 제거할 때 쇠비름 50g을 짓찧어 낸 즙을 1일 3번 나눠 먹고, 건더기는 부위에 바르면 된다.

신경피부염이 있을 때

신경이 과민해져 사소한 자극에도 가렵고 긁으면 피부가 두꺼워지면서 태선으로 발전하는 피부병을 말한다. 정확한 원인이 밝혀지지 않았으며, 국한성 신경성 피부염과 범발성 신경성 피부염으로 나눠진다. 국한성은 목덜미, 목, 겨드랑이, 음부, 넓적다리 안쪽, 무릎을 구부려지는 곳에 잘 생긴다. 증상은 발작적인 가려움이 나타나면서 좁쌀크기의 만성염증성 구진이 돋는다. 범발성은 증상이 한곳으로 국한되지 않고 전신에 생기는 경우이다.

【효과가 있는 약초약재藥草藥材】

● 달걀, 식초

피부에 염증이 생겼을 때 주둥이가 적은 그릇에 식초를 붓고 달걀 5개를 잠기게 한 다음 뚜껑을 닫고 응달에 60㎝ 깊이로 묻는다. 14일 후 1회 1개씩 그릇에 깨어 넣고 골고루 저어 부위에 2번 바르면 낫는다.

● 느릅나무뿌리껍질, 황백(황경피나무껍질)

만성 때 생긴 고름집일 때 느릅나무뿌리껍질 120g, 황백(황경피나무껍질) 220g을 물 6ℓ 로 달인 다음 1/2로 졸여서 1일 3번씩 부위에 바르면 된다.

● 백선뿌리

피부염 초기에 백선뿌리 15g을 달여 1일 3번 나눠 복용하거나 달인 물로 세척해주면 낫는다.

● 백반, 너삼뿌리

피부염으로 가려울 때 구운 백반과 너삼뿌리 각 25g을 섞어 가루로 만들어 술 120㎖으로 골고루 섞어 1일 2번 부위에 발라주면 낫는다.

옴이 있을 때

【효과가 있는 약초약재藥草藥材】

● 유황, 돼지비계

가려움과 물집이 생겼을 때 돼지비계 20g을 끓어 나오는 기름에 유황가루를 적당히 섞어 식힌 다음 3일에 한 번씩 12일간 발라주면 된다.

● 유황, 참나무버섯

옴으로 가렵고 피부가 지저분할 때 유황에 참나무버섯 각 20g을 섞어 가루로 만들어 유산동 가루 4g으로 갠 다음 1일 2번씩 3일간 바르면 된다.

● 싸리나무

가려움과 상처를 아물게 할 때 싸리나무기름을 1일 3번 7일간 옴이 생긴 곳에 계속 발라주면 낫는다.

● 가래나무껍질

가려움과 옴 상처가 있을 때 잘게 썬 가래나무껍질 20g을 진하게 달인 물로 1일 5번 5일간 세척해주면 해결된다.

● 너삼, 꿀

옴 초기증상일 때 너삼뿌리 20g을 진하게 달여 옴이 생긴 곳에 1일 5번 세척해주거나 꿀로 갠 다음 1일 2번 발라주면 효과가 있다.

● 제충국

옴벌레를 박멸할 때 제충국 가루 15g을 알코올에 잘 섞어 1일 5번 3일간 발라 주면 된다.

● 오갈피나무껍질

옴으로 곪는 것을 막고 가려움을 멈추게 할 때 잘게 썬 오갈피나무껍질 15g을 진하게 달여 건더기를 건져내고 1일 3번 옴 부위에 발라주면 된다.

● 여로, 소기름

가려움과 진물이 날 때 여로 15g을 가루로 만들어 약간의 소기름으로 개어 1일 2번 3일간 옴이 생긴 곳에 발라주면 된다.

● 가뢰, 꿀

옴벌레와 염증제거에 가뢰 가루 12g을 꿀에 개어 1일 2번씩 3일간 바르면 효과가 있다.

옻피부염이 있을 때

옻나무 때문에 생기는 피부염으로 옻나무나 옻 가공품을 만졌을 때 피부에 물집이나 농포 등이 나타난다. 처음엔 피부가 붉어지면서 몹시 붓고 부위가 가려우며, 화끈 달아오르고 가끔 통증이 동반된다.

【효과가 있는 약초약재藥草藥材】

● 닭피
옻이 오르면 닭의 피를 1일 5번 3일간 발라주면 낫는다.

● 달걀흰자
옻 피부염 초기증상일 때 달걀흰자 1개를 옻이 생긴 부위에 1일 한 번 발라주면 낫는다.

● 밤나무
옻으로 붉은 반점이 생겼을 때 밤나무껍질이나 뿌리 달인 물로 부위를 1일 5번 4일간 세척한다.

피부질환 동의보감 민간요법

단순포진이 있을 때

【효과가 있는 약초약재藥草藥材】

● 유피

습진과 부스럼으로 물집이 생겼을 때 유피 15g 달인 물을 1회 3번 3일간 바르
고 문질러주면 터지면서 새살이 돋는다.

● 명태껍질

물집이 생겼을 때 명태 1마리서 껍질을 벗겨 침에 발라 1회 5번 10분간 부위에
붙여주면 된다.

● 달걀속껍질

감염과 곪는 것을 예방할 때 차생달걀 1개의 속껍질을 벗겨 물집이 생긴 곳에 1
회 1번 15분간 바르게 펴서 붙여주며 된다.

무좀이 있을 때

【효과가 있는 약초약재藥草藥材】

● 명태껍질, 식초
물집으로 가려움이 있을 때 마른명태껍질 3g을 구워 만든 가루를 식초에 개어 1일 3번 3일간 바르면 된다.

● 소리쟁이뿌리
무좀 초기일 때 소리쟁이뿌리를 볶아 만든 가루 25g을 알코올(70%) 120㎖에 우려낸 것을 1일 3번씩 3알건 발라주면 낫는다.

● 유황
무좀이 잘 낫지 않을 때 유황 12g을 준비해 불에 태우면서 나오는 연기를 1회 30분씩 14일간 쏘어주면 효과가 있다.

● 쇠비름
무좀 물집이 터져 가려울 때 말린 쇠비름을 태운 재를 용기에 담아 물을 붓고 5시간 기다리면 재가 가라않는다. 이때 맑은 물만 용기에 담아 무좀부위를 담그면 된다.

● 뱀장어
무좀이 심할 때 뱀장어기름을 부위에 1회 3번 3일간 바르면 치료가 된다.

피부질환 동의보감 민간요법

● 붕사, 황백(황경피나무껍질)

물집이 터져 진물이 나오고 고름집이 생겼을 때 붕사 10g과 황백(황경피나무껍질)가루 5g을 섞어 부위에 문질러 발라주면 된다.

● 싸리나무

발바닥이나 발 안쪽에 땀나기 이상성 무좀이 생겼을 때 싸리나무를 15cm길로 잘라 불에 태우면 반대쪽에서 기름이 나온다. 이 기름을 1회 3번 5일간 발라주면 된다.

● 조릿대

무좀이 생겼을 때 조릿대 180g에 물 500㎖를 붓고 달이다가 건더기를 건져내고 엿처럼 졸여서 1일 2번씩 5일간 발라주면 된다.

습진이 있을 때

피부 겉에 생기는 피부염이나 염증을 말한다. 습진은 지속적인 피부상태로 피부건조와 반복되는 발진이 이에 포함된다. 이때 발적, 부종, 가려움, 건조, 각질, 비늘, 물집, 갈라짐, 분비물, 출혈 등이 나타난다. 습진은 급성과 만성으로 나눠지며, 이밖에 지루성습진, 어린이습진 등도 있다. 증상은 약간 붓거나 좁쌀크기의 물집들이 피부에 퍼져있거나 뭉쳐있고 심한 가려움도 있다.

물집들은 곪아서 고름 집으로 되었다가 터지면서 진물이 나온다. 진물이 나오는 곳은 피부가 헐면서 축축하다. 만성은 급성이 치료됐다가 재발되면서 장기적으로 지속되는 것이다.

【효과가 있는 약초약재藥草藥材】

● 싸리나무
습진으로 피부가 헐고 진물, 가려움이 심할 때 싸리나무를 15㎝길로 잘라 불에 태우면 반대쪽에서 기름이 나온다. 이 기름을 1회 2번 3일간 발라주면 된다.

● 송진, 돼지기름
습진으로 가려울 때 송진 25g에 돼지기름 40g을 섞어 끓인 다음 식혀서 부위에 1일 2번씩 발라주면 된다.

● 지유
곪어 생긴 습진일 때 지유를 불에 태워 만든 가루 25g을 바셀린 60g에 개어 부위에 1일 3번 발라주면 된다.

● 사상자열매
가렵고 진물이 날 때 사상자열매 32g에 물 220㎖를 붓고 끓이면서 나오는 김을 부위를 쏘이고 달인 물은 부위를 씻으면 낫는다.

● **백반, 너삼, 술**

가려움만 있을 때 구운 백반과 너삼 각 20g으로 만든 가루를 소주 120㎖에 섞은 다음, 소독한 천을 적셔 부위에 가볍게 비벼주면 효과가 좋다.

● **유황, 백반**

심하게 헐고 진물이 날 때 유황과 백반 각 10g을 섞어 가루로 만든 다음 부위에 1일 2번 발라주면 된다.

백반이 있을 때

피부의 원해 색소가 없어지고 흰 반점이 생기는 피부병인데, 즉 다양한 모양과 크기로 흰 반점이 생기는 색소이상증이다. 발생원인은 아직까지 불분명하지만 신경통, 신경외상, 정신장애 등으로 추측하고 있다. 백반부위는 여름철 햇빛에 반응하지 않기 때문에 정상피부와 차이가 분명하게 보인다.

【효과가 있는 약초약재藥草藥材】

● 파고지
백반 초기증상일 때 파고지 15g을 물 1사발로 진하게 달여 1일 3번 10분씩 바르면 효과가 좋다.

● 호두열매
피부 색소기능 이상일 때 호두의 딱딱한 껍질을 벗기고 알맹이 5g을 짓찧어 즙을 짜낸 다음 부위에 꼼꼼히 발라주면 효과가 있다.

● 가래나무열매
피부에 흰점이 생겼을 가래나무열매 12g을 준비해 껍데기를 제거한 다음 기름을 짠다. 이 기름을 부위에 발라 10분간 1일 한 번씩 햇볕을 쪼이길 13일간 하면 회복된다.

● 도꼬마리잎
백반이 심할 대 도꼬마리잎 가루 16g을 1회 8g씩 하루 2번 나눠 복용하면 효과가 있다.

● 토사자, 참깨기름
백반부위의 빛 감수성을 높여줄 때 토사자 15g을 불에 태워 만든 가루를 참기름에 개어 부위에 1일 2번 발라주면 회복된다.

버짐이 있을 때

【효과가 있는 약초약재藥草藥材】

● **국화잎**
비듬과 가려움이 있을 때 국화잎 12g에 소금을 약간 섞어 손으로 주물러 낸 즙을 1일 3번 발라주면 멎는다.

● **마늘**
버짐초기일 때 깐 마늘을 짓찧어 낸 즙을 종이에 발라 1일 한 번씩 5일간 붙여주면 치료가 된다.

● **소리쟁이**
버짐으로 가려울 때 소리쟁이뿌리 15g을 짓찧어 낸 즙을 부위에 발라주면 낫는다.

● **달걀, 참기름, 식초**
가려움과 버짐을 멈추게 할 때 달걀 1개를 깨뜨려 그릇에 넣고 참기름과 식초 약간을 가미해 갠 다음 부위에 바르면 된다.

● **소리쟁이, 유황, 구운 백반**
버짐이 한창 왕성할 때 소리쟁이, 유황, 구운 백반 각 7g을 섞어 만든 가루를 식초와 물로 갠 다음 2일에 한 번씩 7일간 발라주면 효과가 좋다.

● **백선뿌리껍질, 삽주**
진물이 있고 가려울 때 백선뿌리껍질과 삽주 각 30g을 만든 가루를 달걀기름으로 반죽해 1일 한 번씩 7일간 바르면 효과가 있다.

건선이 있을 때

Dr's advice

피부가 건조하고 가려우면서 흰 각질이 일어나는 피부질환이다. 정확한 원인이 밝혀지지 않았지만, 갑상선기능와 관련된 지방대사장애설로 추측하고 있다. 초기엔 벌겋고 작은 돌기가 생기면서 차츰 커져 표면이 은빛을 띤 각질이 두껍게 쌓인다. 건선의 모양에 따라 점모양건선, 돈모양건선, 지도모양건선 등이 있다. 두껍게 쌓인 건선부위를 긁으면 점 모양으로 피가 솟아난다. 발병 부위는 무릎, 팔꿈치에 잘 생긴다.

【효과가 있는 약초약재藥草藥材】

● **너구리기름**

피부가 습하고 가려울 때 너구리기름 10g을 부위에 바른 다음 불에 쪼여 말렸다가 다시 바르기를 반복해주면 낫는다.

● **도꼬마리**

건선이 아프고 가려움이 심할 때 도꼬마리 90g에 물 1ℓ 를 붓고 은은하게 4시간 달인 물로 1일 2번 부위를 세척해주면 깨끗하게 낫는다.

● **무궁화나무껍질**

건선 초기일 때 무궁화나무껍질 40g에 술 130㎖을 붓고 24시간 담가 우려낸 물을 1일 3회 바르면 낫는다.

피부질환 동의보감 민간요법

비듬이 있을 때

Dr's advice

두피에 생기는 회백색의 잔 비늘을 말하는데, 땀샘 등에서 나오는 분비물과 때가 엉겨 붙어 생기거나 죽은 세포가 조각나 생기는 일종의 피부병이다. 비듬이 생기면 가렵고 작은 각질이 일어나면서 주위로 퍼진다. 이것이 심해지면 털구멍과 피부에 염증이 나타나면서 머리카락이 빠지기는 경우도 있다.

【효과가 있는 약초약재藥草藥材】

● 여로
머리피부가 헐거나 비듬과 습진이 있을 때 여로로 만든 가루 7g을 물 12ℓ 에 타서 머리를 감아주면 치료된다.

● 뽕나무가지
머리피부 피지선과 땀선의 기능 이상으로 비듬이 생길 때 말린 뽕나무가지를 불에 태운 재로 만든 잿물로 머리를 감으면 치료가 된다.

● 달걀흰자
머리카락 밑에 각질이 생겼을 때 달걀흰자로 두피를 1일 3번씩 7일간 문질러주면 낫는다.

● 잠사
두피에서 비듬이 퍼질 때 잠사를 태워 만든 가루 20g을 물에 타서 2시간 후에 건더기를 건져내고 우러난 물로 머리를 감으면 치료가 된다.

● 국화잎
비듬이 생기고 가려울 때 끓는 물 2ℓ 에 국화잎 25장을 넣고 우려낸 다음 1시간 달인 물로 머리를 감으면 비듬이 서서히 제거된다.

두드러기가 있을 때

피부질환 동의보감 민간요법

Dr's advice

음식, 약물, 온도변화 등으로 인해 나타나는 피부병의 하나로 피부에 발진이 돋고 매우 가렵다. 원인은 지금까지 정확하게 밝혀지지 않았지만, 육류, 어류, 우유, 달걀, 조개류, 파 등의 식품과 미생물, 기생충, 벌레, 짐승 털 등과 화학물질, 꽃가루, 먼지 등이 원인으로 추측하고 있다.

【효과가 있는 약초약재藥草藥材】

● 쐐기풀
초기 습진과 두드러기일 때 쐐기풀 20g을 달여 1일 3번 나눠 복용하면 치료된다.

● 부평초, 우엉열매, 박하
가려움이 심할 때 부평초, 우엉열매, 박하를 각 12g을 섞어 달여 1일 3번 나눠 끼니 뒤에 복용하면 낫는다.

● 백선뿌리껍질
두드러기 심할 때 백선뿌리껍질 25g을 달여 1일 3번 나눠 먹거나 달인 물로 부위를 세척해주면 치료된다.

● 미나리, 인진쑥
물고기 섭취로 생긴 두드러기일 때 미나리와 인진쑥을 각 15g을 달여 한 컵씩 복용하면 두드러기가 없어진다.

● 댑싸리씨

상한 음식으로 생긴 두드러기일 때 댑싸리씨로 갈아서 만든 가루 12g을 1일 6번 한 숟가락씩 술에 타서 복용하면 효과가 있다.

각화증이 있을 때

Dr's advice

피부표면의 경단백질층이 비정상적으로 증식해 살갗이 딱딱해지고 두껍게 굳어지는 증상을 말하는데, 예를 들면 티눈, 손바닥, 발바닥 등에 생기는 굳은살이다. 원인은 감염 알레르기, 내분비장애, 물질대사장애 등이지만, 증상에 따르는 원인은 불분명하다. 증상초기는 피부에 돌기가 생겨 쪼여들고 비듬이 생기면서 피부가 굳어지고 점점 각질이 주변으로 퍼져나간다. 부위가 가렵고 긁으면 긁을수록 비듬이 떨어지면서 피가 난다.

【효과가 있는 약초약재藥草藥材】

● 봉선화뿌리

피부가 굳어질 때 봉선화뿌리 7g을 짓찧어 발라주면 피부가 부드러워진다.

● 개암나무열매

살갗이 딱딱해질 대 개암나무열매 35g을 만든 가루를 알코올(95%) 120㎖에 담가 5일 후에 건더기를 건져내고 부위에 바르면 효과가 좋다.

● 무궁화나무껍질

각화증 초기일 때 무궁화나무껍질 60g을 술 170㎖에 24시간 담가 우려낸 물을 부위에 바르면 낫는다.

탈모증이 있을 때

Dr's advice

전체 또는 일부분의 모발이 빠져 없어지는 상태를 말하는데, 선천적인 것을 비롯해 노인성, 결발성, 비강성, 신경성 등으로 발병한다. 원형탈모증은 아무런 증상도 없이 갑자기 머리카락이 둥글게 빠지는 것이다. 양성이면 몇 달 만에 털이 나오지만 악성이면 여러 해가 지나도 나오지 않는다. 장년기성 또는 조로기성 탈모증은 20~30살 남성의 앞머리, 정수리부분의 머리카락이 빠지면서 시간이 지나면 머리 양옆에만 남는다.

【효과가 있는 약초약재藥草藥材】

● 마늘
탈모가 왔을 때 마늘 3개를 짓찧어 천으로 싼 다음 빠진 곳에 1일 3번씩 20일간 차근차근 눌러서 문질러주면 머리카락이 나온다.

● 측백나무잎
초기 탈모일 때 잘게 썬 측백나무 35g을 알코올(60%) 120㎖에 8일간 담가 우려낸 물에 면봉을 적셔 빠진 곳에 1일 3번 10일간 문질러 발라주면 머리카락이 나온다.

● 측백나무잎, 당귀
탈모가 진행될 때 측백잎 30g과 당귀 12g을 섞어 만든 가루를 쌀풀에 개어 1알에 0.6g짜리 환으로 제조해 1회 7알씩 1일 2번 나눠 술에 타서 5일간 복용하면 해결된다.

● 반하

작은 탈모가 왔을 때 반하 10g을 짓찧어 낸 즙을 1일 2번 부위에 발라주면 막을 수 있다.

여드름이 있을 때

Dr's advice

주로 사춘기 남녀의 얼굴에 도톨도톨하게 돋아나는 작은 종기로 피부병의 하나이다. 원인은 성선, 갑상선 기능장애, 막대균, 여드름진드기이다. 이밖에 소화 장애, 정신적 긴장과 피로, 지방음식 섭취 등일 수도 있다.

【효과가 있는 약초약재藥草藥材】

● 호이초잎

여드름에 고름이 생겼을 때 호이초잎 10g에서 짜낸 즙을 1일 2회 3일간 부위에 바르면 치료가 된다.

● 복숭아잎, 무즙

여드름 초기일 때 복숭아잎 20g을 달인 물로 1일 3회 3일간 부위를 세척하면 낫는다.

● 민들레, 금은화

가려움이 있을 때 민들레와 금은화를 각 10g에 물 500㎖를 붓고 250㎖의 양으로 달여 1일 3번 나눠 끼니 전에 복용하면 낫는다.

딸기코(주사비)가 있을 때

Dr's advice

얼굴중앙부위, 즉 코 주변부처럼 돌출한 부위를 중심으로 핏줄이 넓어져 벌겋게 되고 구진, 고름집, 반복적인 홍조, 혈관확장, 붓기 등이 나타나며, 만성으로 발전되는 피부병의 일종이다. 원인은 정확하게 밝혀지지 않았지만, 내분비 기능장애로 추측하고 있다.

【효과가있는 약초약재藥草藥材】

● 치자, 밀랍
딸기코 추기증상일 때 녹인 밀랍과 치자가루 각 30g을 섞어 1알에 4g으로 제조해 1회 3알씩 5일간 복용하면 낫는다. 단 약을 복용할 때 자극성 있는 음식을 삼가야 한다.

● 유황, 가지즙
코가 벌겋게 될 때 유황 10g을 녹여 술에 3번 담갔다가 건져서 가루로 만든 다음 가지즙 5g으로 개어 부위에 바르면 된다.

● 경분, 유황
만성 딸기코일 때 경분과 유황 각 10g을 섞어 만든 가루를 물에 개어 부위에 문지르면 치료가 된다.

기미가 있을 때

【효과가 있는 약초약재藥草藥材】

● 달걀흰자, 술

질병부위의 색소가 있을 때 주둥이가 있는 용기에 달걀 2개를 깨트려 흰자만 술 80㎖에 담가 뚜껑을 덮고 7일 후부터 1일 5번 10일간 부위에 발라주면 효과가 있다.

● 우유, 분꽃씨

기미로 거무스름한 얼룩점이 있을 때 분꽃씨 12개를 볶아 만든 가루를 우유 4숟갈에 섞어 잠자기 전 15일간 부위에 바르면 효과가 좋다.

● 둥글레

거무스름한 색소가 생긴 초기 때 응달에서 말린 둥글레 30g을 꿀에 섞는다. 꿀이 마르면 누릇누릇하게 볶아 만든 가루를 1일 3번 나눠 끼니 뒤에 20일간 복용하면 점차 회복된다.

● 곶감

거무스름한 색소가 생겼을 때 씨를 제거한 곶감 1개를 부드럽게 갠 다음 잠자리에 들기 전 15일간 부위에 바르면 효과가 있다.

주근깨가 있을 때

【효과가 있는 약초약재藥草藥材】

● 동아씨

주근깨가 생겼을 때 동아씨 20g을 끓여 익으면 건더기를 건져내고 진하게 졸인 다음 잠자리에 들기 전 얼굴에 바르고 아침에 씻기를 10일간 하면 효과가 있다.

● 팥꽃

주근깨를 제거할 때 팥꽃 25g을 채취해 손으로 비벼 즙을 낸 다음 1일 1회 7일간 얼굴에 발라주면 된다.

● 복숭아꽃, 동아씨

주근깨가 초기에 생겼을 때 말린 복숭아꽃과 말린 동아씨 각 12g을 섞어 가루로 만들어 꿀에 개어 잠자리에 들기 전 부위에 바른 다음 아침에 세척하는데, 10일간 반복하면 된다.

피부질환 동의보감 민간요법

땀 과다증(다한증)이 있을 때

Dr's advice

인체에서 땀이 지나치게 많이 나는 증상을 말하는데, 전신성과 국한성으로 나 뉜다. 전신성을 당뇨병, 임신, 갱년기장애 등으로 온몸에 땀이 많이 나는 것이 다. 국한성은 일시적 흥분, 긴장, 공포 등으로 손, 발, 겨드랑이, 이마, 콧등 등 에 땀이 많이 나는 것이다. 원인은 높은 온도, 육체적노동, 비만증, 신경질환, 결핵, 열성질환 등이다.

피부질환 동의보감 민간요법

【효과가 있는 약초약재藥草藥材】

● **복령, 약쑥**
복령6을 가루로 만들어 약쑥 달인 물과 희석시켜 1일 2번 나눠 복용하면 다한 증이 치료된다.

● **방풍**
다한증을 멎게 할 때 방풍을 15g씩 달여 복용하면 낫는다.

● **모려**
땀이 많을 때 모려 25g에 물 250㎖를 붓고 달여 아침저녁 2번 나눠 복용한된 다.

● **단너삼**
단너삼 16g을 물 250㎖에 달여 1일 3번 나눠 복용하면 다한증이 치료된다. 또 한 단너삼 15g을 가루로 만들어 1회 5g씩 1일 3번 나눠 복용하면 땀이 줄어든 다.

● **백출, 단너삼**
다한증과 식은땀이 날 때 백출과 단너삼을 각 20g 섞어 달여 1일 3번 나눠 5일 간 복용하면 낫는다.

땀띠가 있을 때

여름철에 땀이 제때 배출되거나 증발되지 못하고 땀구멍에 습기가 고여 피부에 자극을 일으켜 생기는 좁쌀 같은 염증을 말한다. 증상은 붉게 돋으면서 따끔거리고 가렵기도 하다.

【효과가 있는 약초약재藥草藥材】

● 오이즙

여름철 심한 땀띠가 생겼을 때 오이 1개를 통으로 가로 잘라 부위에 문지르면 낫는다.

● 우엉잎

땀띠가 많이 생겼을 때 우엉잎 25g을 물 180㎖에 15분간 달인 다음 부위를 세척해주면 치료가 된다.

피부질환 동의보감 민간요법

땀 악취증이 있을 때

【효과가 있는 약초약재藥草藥材】

● 생강

겨드랑이에서 냄새가 심할 때 생강 2쪽을 짓찧어 낸 즙을 1일 3번 5일간 부위에 직접 발라주면 효과가 좋다.

● 참대잎, 복숭아나무속껍질

겨드랑이에서 땀이 많고 냄새를 동반할 때 참대잎 500g과 복숭아나무속껍질 250g을 섞어 달인 물로 1일 3번 5일간 부위를 자주 씻어주면 된다.

● 도꼬마리잎

겨드랑이 악취를 제거할 때 도꼬마리잎 20g을 잘게 썬 다음 진하게 달인 물로 1일 3번 7일간 부위에 세척해주면 된다.

● 백반

겨드랑이냄새 제거에 백반가루 10g을 소독한 천에 싼 다음 1일 6번 이상 7일간 부위에 문질러주면 된다.

사마귀가 있을 때

피부 위에 좁쌀이나 콩알만 하게 도도록하고 납작하게 돋은 군살을 말하는데, 사마귀 위에 털이 나는 경우도 많다. 사마귀는 보통사마귀, 청년성편평사마귀, 늙은이사마귀 등이 있다.

【효과가 있는 약초약재藥草藥材】

● 마늘

피부에 사마귀가 생겼을 때 마늘 한쪽을 짓찧어 3일마다 한 번씩 붙여주면 제거된다.

● 율무

물사마귀일 때 율무 25g에 320㎖의 물을 붓고 진하게 죽을 쒀 1일 3번 나눠 30일간 복용하면 깨끗하게 제거된다.

● 가지꽃받침

사마귀를 제거할 때 가지꽃받침을 자르면 나오는 즙을 용기에 받아 1일 6번 부위에 문질러주면 효과가 있다. 또 가지즙을 1일 3번씩 사마귀에 발라주면 제거된다.

티눈이 있을 때

Dr's advice

손바닥이나 발바닥에 생기는 국한성 각질증식증을 말한다. 다시 말해 피부가 지속적으로 자극을 받아 각질층이 두터워지고 굳어지면서 살 속에 쐐기꼴로 박힌다. 원추형의 모양에 진피층에 뿌리가 있어 누르면 통증이 있다.

【효과가 있는 약초약재藥草藥材】

● 잣
티눈제거와 통증이 있을 때 잣 10개를 짓찧어 부위를 조금 긁고 붙인 다음 피부에 화상을 입지 않을 정도로 숟가락 끝을 불에 달궈 1일 한 번씩 3일간 지져주면 빠진다.

● 대추
티눈이 생겼을 때 대추 1개가 잠길 정도로 물을 붓고 2시간 동안 불린 다음 씨를 제거한다. 대추살만 또다시 따뜻한 물에 불려두고 피가 나오지 않을 정도로 부위를 칼로 오려낸 다음 1일 2번 2일간 부위에 반복적으로 붙여주면 빠진다.

● 거머리
발바닥에 티눈이 생겼을 때 거머리 가루 3g을 준비해 부위를 긁어내고 1일 한 번씩 3일간 뿌린 다음 반복적으로 반창고를 붙여두면 빠진다.

● 명태아가미뼈, 밀가루
명태아가미뼈 1개로 만든 가루 9g과 밀가루 3g을 섞어 물로 반죽해 티눈가운데를 긁어낸 다음 붙여 넓은 반창고로 고정시켜 1일 1회 7일간 반복적으로 붙여주면 빠진다.

● 구기자나무뿌리껍질, 홍화
티눈확산을 예방할 때 말린 구기자나무뿌리껍질과 홍화 각 10g을 섞어 만든 가루를 바늘로 티눈을 파낸 자리에 넣어 반창고로 1일 1회 5일간 반복적으로 붙여주면 된다.

어린이
질환의 질병

갓난아이 젖 못 빠는 증이 있을 때

Dr's advice

갓난아이가 태어나 하루가 지나서도 젖을 빨지 못하는 것을 말한다. 원인은 허약체질이거나, 양수를 많이 먹었거나, 태분이 울체되어 배출되지 않거나, 장과 위가 냉할 경우다. 증상은 불안해하고 자주 울면서 게우거나 배가 불러 있다. 똥과 소변도 누지 못하고 얼굴이 창백하다.

【효과가 있는 약초약재藥草藥材】

● 인삼

인삼 3g에 물 120mℓ을 붓고 서서히 달여 12mℓ의 양으로 졸여 1회 4mℓ씩 1일 3번 나눠 먹이면 좋다.

● 인삼, 백출

인삼과 백출 각 2.5g에 물 160mℓ을 붓고 서서히 달여 12mℓ의 양으로 졸여 1회 4mℓ씩 1일 3번 나눠 먹이면 효과가 있다.

● 단너삼, 만삼

단너삼 10g과 만삼 6g에 물 200mℓ을 붓고 서서히 달여 16mℓ의 양으로 졸여 1회에 4mℓ씩 1일 4번 나눠 먹이면 된다.

● 대황, 귤껍질, 목향

대황, 귤껍질, 목향 각 0.5g씩 섞어 만든 가루를 1회에 0.5g씩 물에 타서 1일 3번 나눠 먹이면 좋다.

● 마른 생강, 목향, 감초

마른 생강과 감초 각 3g, 목향 1.2g에 물 300mℓ에 붓고 50mℓ가 되게 달여 1회 10mℓ씩 1일 5번 나눠 먹이면 효과가 있다.

갓난아이 밤 울음증(야제증)이 있을 때

갓난이아가 낮과 밤이 바뀐 상태인데, 낮에는 탈 없이 잘 놀다가 밤이 불안해 하면서 자지도 않고 울거나 짧은 시간 잠들었다가 갑자기 깨어 우는 증상이다.

【효과가 있는 약초약재藥草藥材】

● 백강잠(흰가루병누에), 매미허물

 백강잠(흰가루병누에) 4마리와 머리와 다리를 제거한 매미허물 4개에 물 220㎖를 붓고 1/2의 양으로 달여 1일 3번 나눠 먹이면 된다.

● 매미허물, 박하잎

머리와 다리를 제거해 간 매미허물가루를 달여 1회 0.7g씩 1일 3번 나눠 박하잎 9g으로 달인 물과 함께 먹이면 효과가 있다.

● 등심초

등심초 6g을 달여 1회 2g씩 1일 3번 나눠 끼니 뒤에 먹이면 좋다.

● 참대잎

참대입 6g을 달여 1회 2g씩 1일 3번 나눠 먹이면 효과가 좋다.

● 황련, 백복신

 황련과 백복신 각 4.5g을 달여 1회 3g씩 1일 3번 나눠 끼니 뒤에 먹이면 된다.

어린이 동의보감 민간요법

어린이 급성 기관지염이 있을 때

Dr's advice

기관지 점막에 생기는 염증을 말한다. 급성은 바이러스 감염으로 심한 기침과 가래가 있다. 만성은 급성과 관계없이 장기간에 걸친 기도 자극으로 일어난다. 원인은 바이러스에 의한 감염이 많고 두 번째로 세균감염이 겹쳐서 발병한다. 증상은 순식간에 생기면서 체온이 38℃ 전후이고 열과 기침, 흰색 가래가 동반된다.

【효과가 있는 약초약재藥草藥材】

● 무, 참배

3~4세의 어린아이에게 열과 기침이 날 때 잘게 썬 무 1/2개, 참배 1/2개를 짓찧어 꿀 20g, 후추 5알과 섞어 솥이나 냄비로 쪄서 1회 20g씩 1일 3번 나눠 먹이면 된다.

● 돼지 생간, 꿀

1세 어린아이의 면역력 강화에 잘게 썬 돼지생간 12g을 말려서 만든 가루를 꿀에 개어 1회 4g씩 1일 3번 나눠 먹이면 좋다.

● 세신, 도라지

2~3세 어린아이에게 가래, 기침, 열, 염증이 있을 때 세신 3g과 도라지 4g을 달여 1일 3번 나눠 끼니 뒤에 먹이면 효과가 좋다.

● 오미자

4세 어린아이에게 오미자 3g을 진하게 달여 1회 1g씩 1일 3번 나눠 끼니 뒤에 먹이면 좋다.

● 개미취

1세 어린아이가 기침, 가래, 숨이 찰 때 개미취 3g에 물 200㎖를 붓고 50㎖의 양으로 진하게 달여 1일 3번 나눠 끼니 뒤에 먹이면 효과가 좋다.

● 도라지, 감초

열과 염증이 있을 때 도라지 7g과 감초 3g에 물 200㎖를 붓고 80㎖의 양으로 진하게 달여 1일 3번 나눠 먹이면 된다.

● 한삼덩굴

1세 어린아이의 기관지염 초기일 때 한삼덩굴 15g을 짓찧어 낸 즙에 적당량의 설탕을 가미해 1회 5㎖씩 1일 3번 나눠 먹이면 된다.

● 뽕나무뿌리껍질, 꿀

급성 기관지염 초기일 때 뽕나무뿌리껍질의 겉껍질을 벗겨 꿀에 발라 노랗게 구워 잘게 썬 것 30g에 물 300㎖를 붓고 100㎖의 양으로 졸여 2세미만은 12㎖, 3세는 15㎖씩 1일 3번 나눠 먹이면 된다.

● 하눌타리열매

1세 어린아이가 기침이 잦고 가래가 끓을 때 하눌타리열매 속씨 6g을 밀가루에 반죽해 불에 구운 다음 가루로 만들어 1회 2g씩 1일 3번 나눠 묽은 미음에 타서 먹이면 좋다.

● 엿, 마른 생강

어린아이가 만성기관지염으로 기침이 날 때 엿 120g을 녹여서 생강가루 3g을 섞어 생강엿을 만들어 자주 먹이면 효과가 있다.

● 두메애기풀

기관지염으로 가래가 있을 때 두메애기풀 3g에 물 100㎖를 붓고 진하게 달여 1일 3번 나눠 먹이면 된다.

● 차전초

1세 어린아이가 기관지염으로 기침을 할 때 차전초 7g을 엿처럼 졸인 다음 1알에 1g짜리 환으로 만들어 1회 0.7알씩 1일 3번 나눠 먹이면 된다.

갓난아이 배꼽질환이 있을 때

Dr's advice

갓난아이의 탯줄을 제거한 다음 아물지 않거나 진물 또는 피가 나오거나 새살이 지나치게 볼록한 병을 말한다. 원인은 탯줄을 제거한 다음 소독이 잘 못되어 나타난다. 이밖에 목욕, 기저귀를 갈 때 등이다.

【효과가 있는 약초약재藥草藥材】

● 방풍, 금은화
염증이 심할 때 방풍과 금은화 각 15g에 물 400㎖를 붓고 달인 다음 건더기를 건져내고 120㎖의 양으로 졸여 1일 5번 이상 상처 발라주면 좋다.

● 구운 백반
곪거나 피가 나올 때 백반 3g을 구워 만든 가루를 1회 1g씩 1일 3번 이상 배꼽에 뿌려주면 효과가 있다.

● 붉나무
피와 고름이 날 때 붉나무 12g을 태운 재를 보드랍게 만든 다음 1회 1g씩 1일 3번 4일간 배꼽상처에 뿌려주면 된다.

● 두꺼비 태운재, 구운 백반
배꼽이 곪거나 피가 날 때 마른 두꺼비를 태운 재 4g과 구운 백반 0.5g을 섞어 만든 가루를 1회 1.5g 1일 3번씩 배꼽에 뿌려주면 된다.

● 창이자
화농균으로 곪거나 진물이 날 때 창이자를 짓찧어 낸 즙을 면봉에 묻혀 부위에 발라주면 좋다.

● 말벌집
피가 나올 때 말벌집을 태워 만든 가루를 배꼽에 자주 뿌려주면 효과가 있다.

어린이 폐렴이 있을 때

폐 조직이 세균감염, 이물질 흡입 등으로 염증이 생기거나 붓는 질환을 말한다. 오한, 고열, 가슴앓이, 기침, 호흡 곤란 등의 증상을 보인다. 원인은 폐렴쌍알균, 다양한 세균과 바이러스 등이 침입해 생긴다. 증상 초기엔 열이 38~39℃까지 오르면서 기침까지 동반된다. 초기를 넘어서면 불안해하고 호흡이 빨라지며, 아주 심하면 경련과 함께 의식을 잃는다. 이밖에 설사나 구토로 탈수상태에 이르는 경우도 있다.

【효과가 있는 약초약재藥草藥材】

● 금은화, 연교
어린아이 폐렴일 때 금은화와 연교 각 9g을 달여 건더기는 건져내고 1일 5번 나눠 먹이면 된다.

● 선인장
1~2세 어린아이 만성 폐렴일 때 선인장 12g을 짓찧어 낸 즙에 꿀을 가미해 1회 4㎖씩 1일 3번 나눠 끼니 뒤에 먹이면 좋다.

● 매발톱나무뿌리
3~4세 어린아이 폐렴초기일 대 메발톱나무뿌리 15g을 달여 건더기는 건져내고 1일 5번 나눠 먹이면 좋다.

● 백강잠(흰가루병누에)
어린아이가 폐렴으로 불안과 경련이 있을 때 백강잠(흰가루병누에) 1g을 가루로 만들어 1회 0.5g씩 1일 2번 나눠 따뜻한 물에 타서 먹이면 된다.

● 쇠비름
1~2세 어린아이의 폐렴과 폐농양일 때 쇠비름 12g에 물 180㎖를 붓고 40㎖의 양으로 진하게 달여 건더기는 건져내고 1일 6번 나눠 먹이면 좋다.

어린이 구강염이 있을 때

입의 안쪽 벽에 생기는 염증으로 호흡기 질환, 위장 질환, 세균감염, 면역력 등이 원인이다. 증상은 입안점막이 붓거나 붉어지며 피가 나는 경우도 있다. 또 침을 흘리거나 음식을 잘 먹지 못하거나 미열과 목안도 붓는다. 궤양성 구강염일 때는 혀, 잇몸, 입안점막, 입천장 등에 작은 궤양이 생겨 아프다.

【효과가 있는 약초약재藥草藥材】

● 포황, 매미허물
열이 나고 통증이 있을 때 포황과 매미허물 각 5g을 섞어 만든 가루를 꿀을 가미해 진 다음 아픈 곳에 발라주면 된다.

● 백반, 주사
입안 염증과 피가 날 때 백반 5g과 주사 1g을 섞어 만든 가루를 1일 3번 나눠 부위에 발라주면 된다.

● 백양나뭇가지
구강염 초기일 때 백양나뭇가지를 15cm 길이로 잘라 한쪽 끝에 불을 붙이면 반대쪽에서 기름이 나온다. 이 기름을 부위에 1일 5회 나눠 발라주면 된다.

● 대황
1살 어린아이의 입안점막에 염증이 생겼을 때 잘게 썬 대황 20g에 물 300ml를 붓고 150ml의 양으로 진하게 달여 1일 5번씩 가글시켜 주면 효과가 있다.

● 만삼, 황백(황경피나무껍질)
허약체질이나 다른 병 끝에 생긴 구강염엔 만삼 35g, 황백(황경피나무껍질) 15g을 섞어 만든 가루를 부위에 1일 3번 뿌려주면 좋다.

● 민들레
구강염으로 열과 염증일 때 민들레 15g을 달여 1일 3번 나눠 먹이면 효과가 좋다.

어린이 변비가 있을 때

Dr's advice

대변이 잘 배설되지 않고 창자 속에 오래 남아있는 병을 말한다. 원인은 식사량이 적거나, 장의 긴장도가 높아지거나, 영양실조, 구루병, 선천적 장관의 기형, 설사약 등이다. 변비는 원인에 따라 증상이 약간씩 다르게 나타난다. 권태감, 구역질, 두통, 항문상처 등의 경우도 있다.

【효과가 있는 약초약재藥草藥材】

● 대황, 당귀

1세 어린아이 변비일 때 대황 2.4g와 당귀 3g을 섞어 만든 가루를 1회 0.6g씩 1일 3번 나눠 꿀물에 타서 3일간 먹이면 효과가 좋다.

● 당귀, 복숭아씨

1세 어린아이 변비일 때 당귀와 복숭아씨 3.6g을 섞어 가루로 만들어 1회 0.6g 1일 3번 나눠 2일간 꿀물에 타서 먹이면 된다.

● 삼씨, 욱리인

1세 어린아이 변비일 때 삼씨와 욱리인을 각 0.9g을 섞어 가루로 만들어 1회 0.6g 1일 3번 나눠 꿀물에 타서 먹이면 좋다.

● 만삼, 욱리인

허약체질의 어린이 변비일 때 만삼과 욱리인 각 4g을 달여 1일 3번 나눠 먹이면 된다.

● 금은화, 감초, 황련

금은화 5g, 감초와 황련 각 14g에 물 250㎖을 붓고 60㎖의 양으로 진하게 달여 꿀을 가미해 1일 6번씩 나눠 먹이면 해결된다.

갓난아이 소화불량증이 있을 때

Dr's advice

과식, 상한 음식물의 섭취, 피로, 운동량의 부족 등에 의해 음식물이 충분히 소화되지 않는 상태로 나타나는 식욕부진, 복통, 구토, 설사 등을 말한다. 증상은 단순성 소화불량과 중독성 소화불량이 있다. 단순성 소화불량증은 대변에서 시큼하거나 썩은 냄새가 나고 헛배가 부르면서 배가 아프다. 미열이 있고 병균감염 일때는 높은 열이 나며, 입술이 마르고 갈증이 동반된다.

【효과가 있는 약초약재藥草藥材】

● 지유

1~2세가 소화불량으로 설사할 때 지유 12g에 물 220㎖를 붓고 90㎖의 양으로 달여 1회 15㎖씩 1일 6번 나눠 먹이면 된다.

● 황련

1~2세 어린아이들의 급성과 만성 설사일 때 황련 9g에 물 180㎖를 붓고 90㎖의 양으로 달여 1회 15㎖씩 1일 6번 나눠 먹이면 좋다.

● 도토리

1~2세 어린아이가 소화불량으로 설사가 많을 때 껍질을 벗긴 도토리 36g을 불에 볶아서 만든 가루를 1회 6g씩 1일 6번 나눠 먹이면 된다.

● 산사

어린아이들의 소화불량일 때 산사 10g을 달여 1일 5번 나눠 먹이면 해결된다.

● 시금치씨

칼슘이 부족해 생긴 설사이면 시금치씨를 찧어 껍질을 제거한 속 씨 15g을 가루로 만들어 뜨거운 물 80㎖에 넣고 1~2시간 우려낸 물을 1일 3번에 나눠 먹이면 효과가 좋다.

● 복령, 소나무꽃가루

소화불량이 자주 재발하면서 설사가 잦을 때 복령 20g과 소나무꽃가루 10g을 섞어 만든 가루를 콩알 크기로 환을 만들어 1회 3알씩 1일 3번 나눠 먹이면 좋다.

● 미나리, 댑싸리잎, 솔잎

설사와 잃은 입맛, 갈증엔 잘게 썬 미나리, 댑싸리잎, 솔잎 각 5g에 물 10㎖를 붓고 따듯한 물에 2시간을 우려낸 물에 설탕을 가미해 먹이면 효과가 있다.

● 사과

배가 아프면서 설사가 있고 갈증이 왔을 때 사과 1개를 반으로 잘라 속을 제거하고 짓찧어 낸 즙을 1회 40㎖씩 1일 4번 나눠 먹이면 된다.

● 마

소화불량일 잦을 때 마를 가루로 만들어 1세는 6g, 2세는 8g, 3세는 10g을 1일 6번 나눠 먹이면 된다.

● 곶감

소화불량으로 설사가 있을 때 곶감 1개를 끓는 물에 넣어 우려낸 다음 따뜻하게 식혀 1작은 찻숟갈로 먹이면 된다.

어린이 장염이 있을 때

Dr's advice

자극성 물질, 독소, 병원균 등으로 장 생기는 염증을 말한다. 통증이 있는 복부경련과 설사, 혈변, 발열 등의 증세가 있다. 장염은 급성과 만성이 있다. 어린이 급성장염 원인은 병원성 대장균, 적리균, 살모넬라균 등의 감염이다.

【효과가 있는 약초약재藥草藥材】

● 쇠비름
장염으로 아랫배가 아프고 열이 날 때 쇠비름 12g에 물 120㎖를 붓고 달여 1일 6번 나눠 먹이면 효과가 좋다.

● 황련
1~2세 어린아이의 수렴성 설사와 염증이 심할 때 말린 황련 12g에 물 550㎖를 붓고 120㎖의 양으로 달여 1회 20㎖씩 1일 6번 나눠 먹이면 된다.

● 금은화
대장염일 때 금은화 70g에 물 300㎖를 붓고 100㎖의 양으로 달여 1~2세는 1회 10㎖, 3세는 20㎖씩 1일 6번 나눠 먹이면 된다.

● 붉나무
2~3세 어린아이의 설사일 때 붉나무 1.5g으로 만든 가루를 밀가루에 반죽해 환으로 만들어 1회 0.5g씩 1일 3번 나눠 끼니 뒤에 먹이면 된다.

어린이 동의보감 민간요법

● 선학초

1~2세 어린아이의 대장염 초기일 때 말린 선학초 5g을 달여 1일 5번에 나눠 먹이면 효과가 좋다.

● 선인장

장염이 의심될 때 가시를 제거해 잘게 썬 선인장을 불에 구워 만든 가루 10g에서 1~2세는 0.5g, 3세는 1g씩 1일 4번 나눠 먹이면 된다.

● 가죽나무뿌리껍질, 목향

배 아픔과 염증과 설사일 때 가죽나무뿌리껍질과 목향 각 5g을 섞어 가루로 만들어 1세는 0.5g, 2세는 1g, 3세는 1.5g씩 1일 5번 나눠 끼니사이에 먹이면 좋다.

어린이 급성신장염이 있을 때

Dr's advice

신장에 생기는 염증을 말하는데, 급성 신장염과 만성 신장염이 있으며 증상은 부종, 단백뇨, 혈뇨 등이다. 원인은 피부화농성 질병, 급성 상기도염, 편도염 등을 앓고 난 뒤에 생긴다. 이밖에 폐렴, 늑막염, 단돈, 혈관성 자반병 등을 앓고 난 경우에도 생긴다. 어린이 급성 신장염은 혈압이 높아지고 가슴 두근거림이 심해진다. 심해지면 숨이 차고 입술이 파래지며, 두통, 구역질, 구토 등과 함께 의식을 잃고 경련까지 일어난다.

【효과가 있는 약초약재藥草藥材】

● 백모근

붓기가 있을 때 백모근 220g을 달여 1일 3번 나눠 먹이면 3일 후부터 소변이 많아진다.

● 댑싸리씨, 차전자, 옥수수염

소변양이 적을 때 댑싸리씨와 차전자를 각 8g, 옥수수염 3g을 물 250mℓ에 달여 1일 3번 나눠 먹이면 해결된다.

● 뽕나무뿌리껍질, 옥수수염

붓기가 심할 때 뽕나무뿌리껍질 15g, 옥수수염 7g을 달여 1일 3번 나눠 끼니 뒤에 먹이면 효과가 있다.

● 익모초

붓기와 혈압이 높을 때 익모초 30g을 달여 1회 10g씩 1일 3번 나눠 끼니 뒤에 먹이면 좋다.

● 개오동나무열매
붓기와 단백이 소변에 많이 섞여 있을 때 개오동나무열매 15g을 물 180㎖를 붓고 달여 1일 3번 나눠 먹이면 된다.

● 마디풀
신장염 초기일 때 마디풀 10g에 물 150㎖를 붓고 달여 1일 3번 나눠 끼니사이에 먹이면 된다.

● 우엉씨, 부평초
소변이 적고 열이 날 때 우엉씨와 부평초를 각 10g을 섞어 만든 가루를 1회 3g씩 1일 3번 끼니 뒤에 먹이면 된다.

● 복령
심한 붓기일 때 복령 15g을 달여 1회 5g씩 1일 3번 나눠 먹이면 낫는다.

어린이 경련이 있을 때

Dr's advice

근육이 별다른 이유 없이 갑자기 수축하거나 떨림 현상을 말한다. 어린이 경련원인은 뇌성과 뇌외성으로 나눈다. 뇌성원인은 뇌막염, 뇌타박, 두개골 내 출혈 등이고, 뇌외성은 대장염, 중독성 소화불량, 폐렴 등으로 고열이 날 때이다.

【효과가 있는 약초약재藥草藥材】

● 백강잠(흰가루병누에)

1~2세는 백강잠(흰가루병누에) 0.6g을 구워 만든 가루 1회 0.2g씩 1일 3번 나눠 먹인다.

● 매미허물, 박하

1~2세는 매미허물과 박하를 각 0.9g을 섞어 만든 가루를 1회 0.6g씩 1일 3번 나눠 먹이면 된다.

● 우황

1~2세는 우황 0.4g을 가루로 만들어 1회 0.2g씩 1일 2번 나눠 물에 타서 먹이면 고열과 함께 경련이 멈춰진다.

● 산조인

1~2세는 산조인 10g을 달여 1일 3번 나눠 먹이면 효과가 좋다.

● 주사

1~2세는 주사 0.6g을 가루로 만들어 1회 0.3g씩 1일 2회 나눠 모유에 타서 먹이면 해결된다.

● 형개, 백반

1~2세는 형개 30g, 백반 15g을 섞어 만든 가루를 1회 1.5g씩 1일 3번 나눠 10일간 먹이면 좋다.

어린이 야뇨증이 있을 때

Dr's advice

세 살이 지난 어린아이가 밤에 자다가 무의식으로 오줌을 싸는 것을 말한다. 잠자리에 소변을 싼다고 부모들이 심하게 꾸짖거나 모욕을 주면 오히려 정신적 불안으로 더더욱 심해진다. 이럴 때는 낮에 짠 음식이나 많은 물을 먹이지 말고 소변보는 버릇이나 습관을 바르게 고쳐준다.

【효과가 있는 약초약재藥草藥材】

● 소 소변통
깨끗이 손질한 소의 소변통 1개를 잘게 썰어 삶아서 나눠 먹거나, 말려서 만든 가루를 1일 3번 나눠 먹이는데, 모두 5개를 먹이면 효과가 좋다.

● 파고지
파고지 3g을 불에 볶아 가루로 만들어 1일 3번 나눠 먹이면 효과가 있다.

● 연꽃열매, 돼지 소변통
연꽃열매 17g을 돼지 소변통에 넣어 삶은 다음 격일로 1회 5번 나눠 먹이면 효과가 있다. 또한 연꽃잎 12g과 감초 7g을 달여 1일 3번 나눠 먹어도 된다.

● 귀뚜라미
귀뚜라미 1마리를 불에 말려 가루로 만들어 1마리씩 모두 10마리를 먹는다.

● 회향열매, 사마귀알집
회향열매 10g과 사마귀알집 24g을 돼지 소변통에 넣어 약한 불에 말린 다음 가루로 만들어 1회 6g씩 1일 2번 나눠 끼니 뒤에 2일간 먹이면 효과가 있다.

● 닭 볏
닭 볏 1개를 말린 다음 달여 한 번에 먹이거나, 거멓게 구워 가루로 만들어 아교에 넣어 먹여도 된다.

구루병이 있을 때

Dr's advice

비타민 D의 부족으로 뼈의 성장에 장애가 생겨 등뼈나 가슴 등이 구부러지는
병을 말하는데, 주로 유아에게 많이 발생한다. 원인은 피부에 햇볕을 적게 쪼
이면 비타민 D가 부족해진다. 증상은 흥분되거나 불안해하며 머리에 땀이 나
면서 깊게 잠들지 못하거나 뒷머리털이 빠지고 설사가 잦다.

【효과가 있는 약초약재藥草藥材】

● 무, 달걀
무를 반으로 잘라 한쪽에 구멍을 파내고 달걀 1개를 넣어 나머지 한쪽을 붙여
묶은 다음 땅에 심는다. 무청이 돋아나면 캐낸 다음 녹아 있는 달걀 덩어리를 꺼
내 말린 다음 가루로 만들어 1일 3번 나눠 먹이면 된다.

● 오가피나무껍질
말린 오가피나무껍질 120g으로 만든 가루를 1회 20g씩 미음에 타서 2달간 계
속 먹이면 효과가 있다.

● 간유
겨울철에 태어난 조산아나 인공영양을 먹는 어린아이는 태어난 30일 후부터
간유를 먹이는데, 처음엔 1~2방울로 시작해 매일 1~2방울씩 늘려가다가 75일
이 될 때 매일 5㎖씩 먹이다가 일광욕을 하는 시기가 되면 중단하면 된다.

● 솔잎

1세 어린아이는 솔잎 12g에 물을 붓고 우려낸 다음 설탕을 가미해 1일 4번 나눠 먹이면 효과가 있다.

● 달걀껍질

6달~1세까지의 어린아이는 달걀껍질로 만든 가루를 1회 0.5g, 2세는 1g씩 1일 2번 나눠 먹이면 된다.

● 송화가루, 명태가루

1세 어린아이는 송화가루와 명태가루 각 2.4g을 섞어 만든 가루를 1회 1.6g씩 1일 3번 나눠 먹이면 효과가 있다.

● 만삼

1세 어린아이는 만삼 7g을 달여 1일 3번 나눠 끼니 전에 먹이면 좋다.

● 오징어뼈(오적골)

1세 어린아이는 말린 오징어뼈 1개를 가루로 만들어 설탕을 가미해 섞어 1회 1g씩 1일 3번 나눠 먹이면 된다.

어린이 척수마비 후유증이 있을 때

척수마비를 앓고 난 다음에 남아 있는 증상이다. 증상은 마비가 오래 남아 있고 근육이 오므라들며 관절의 기형과 마비성 강직이다. 마비된 다리는 짧아지면서 가늘어지고 척추가 휘어진다.

【효과가 있는 약초약재藥草藥材】

● 위령선뿌리

위령선뿌리를 술에 축인 다음 5번을 쪄서 말려 가루로 1알에 0.2g짜리 환으로 만들어 한번에 7알씩 1일 3번 나눠 먹이면 된다.

● 뽕나무뿌리껍질, 감초

잘게 썬 뽕나무뿌리껍질 12g과 감초 6g에 1ℓ를 붓고 2시간을 달여 건더기를 건져내고 또다시 물엿처럼 졸여 1알 0.2g짜리 환으로 만들어 1회 3알씩 1일 3번 나눠 끼니사이에 10일간 먹인다.

● 두충나무껍질, 돼지족발

두충나무껍질 40g과 돼지족발 1개에 물을 붓고 5시간을 은은하게 달여 달인 물과 고기를 1일 2번 나눠 먹이는데, 족발 8개를 먹어야 한다.

● 오갈피나무껍질

오갈피나무껍질 가루를 5g씩 1일 3번 나눠 먹이면 된다.

어린이 동의보감 민간요법

어린이 발육부전이 있을 때

【효과가 있는 약초약재藥草藥材】

● 왕벌젖
왕벌젖 7g을 꿀 5g에 섞어 1회 3g씩 1일 4번 나눠 빈속에 먹이면 효과가 있다.

● 인삼, 오미자
인삼 10g과 오미자 20g을 섞어 만든 가루를 1회 1g씩 1일 3번 나눠 빈속에 10일간 먹이면 좋다.

● 자라등
자라등을 식초(5%)에 담갔다가 불에 볶아 만든 가루를 1회 1g씩 1일 3번 나눠 먹이면 효과가 좋다.

● 오갈피
오갈피가루를 1회 1g씩 1일 3번 나눠 먹이면 좋아진다.

어린이 동의보감 민간요법

태독이 있을 때

갓난아이의 머리나 얼굴에 진물이 나고 허는 피부병을 말한다. 태독이란 말은 태아 때 몸속에서 받은 독이 나타난다는 잘못된 생각에서 붙여진 이름이다. 선천성 매독을 제외하면, 대부분 지루습진이나 급성 습진 등의 체질성이거나, 포도구균에 의한 농가진성 습진이다. 태독초기는 양볼, 귀 주변, 앞머리 등에 나타나는데, 나았다 더했다를 반복하면서 오래가고 여러 부위로 퍼질 경우도 있다.

【효과가 있는 약초약재藥草藥材】

● 메밀, 금은화
잘게 썬 메밀과 금잔화를 각 20g에 520㎖의 물을 붓고 40분간 달여 따뜻하게 식힌 다음 1회 2g씩 1일 3회 나눠 3달 동안 먹이면 효과가 있다.

● 개오동나무가루, 바셀린
개오동나무가루 25g을 바셀린 85g과 함께 골고루 섞어 연고를 만들어 발라주면 된다.

● 사상자열매, 너삼
사상자열매와 너삼을 같은 양으로 달일 때 피어오르는 증기로 태독을 쏘여주면 효과가 좋다.

어린이 동의보감 민간요법

● 창이자, 댑싸리씨

도고마리열매와 댑싸리씨를 같은 양을 섞어 달일 때 피어오르는 증기로 태독을
쏘여주면 좋다.

● 삼칠

삼칠 가루를 참기름에 개어 고약처럼 만들어 1일 2번 태독에 발라주면 좋다.

● 호박

호박 속을 파낸 다음 태독에 붙여주거나 호박덩굴 달인 물로 태독에 세척해도
좋다.

어린이 유행성 이하선염(볼거리)일 때

Dr's advice

귀밑샘에 일어나는 염증을 볼이 붓는 것을 말하는데, 바이러스나 세균에 의해 나타나며, 유행성, 급성, 만성 등이 있다. 증상은 갑자기 추워지면서 고열(39 ℃이상)이 나고 이하선이 붓는데, 누르면 통증이 있다. 또한 입안과 인두가 벌 겋게 되고 발생부위는 보통 한쪽이 먼저 붓고 2~3일 간격으로 다른 쪽이 붓는다.

【효과가 있는 약초약재藥草藥材】

● 감자, 식초

싹이 난 감자 1개를 소량의 식초를 넣고 짓찧어 낸 즙을 부위에 바르거나 생감자를 갈아 기름종이에 깐 다음 부위에 1일 3번 갈아붙여주면 된다.

● 마디풀

마디풀을 짓찧어 소량의 석회수와 달걀흰자를 골고루 섞어 갠 다음 부위에 붙이면 된다.

● 창이자

창이자 하루분량으로 20g을 달여 3번 나눠 먹이면 효과가 있다.

● 민들레

민들레 15g을 짓찧어 부위에 붙여주면 효과가 좋다.

● 지치
지치 6.3g을 달여 1회 0.3g씩 1일 3번 나눠 7일간 계속 먹이면 효과가 좋다.

● 선인장
가시를 제거한 선인장 1개를 짓찧어 천에 싼 다음 부위 붙여주면 해결된다.

● 뱀허물
뱀허물 12g을 갈로 만들어 물에 개어 1일 2번 부위에 갈아붙여주면 효과가 있다.

● 누룩, 소금
누룩가루 35g에 소금 12g을 넣고 소량이 식초를 넣어 골고루 갠 다음 부위에 붙이면 되다.

● 가래나무열매
덜익은 가래나무열매를 짓찧어 낸 즙을 부위에 1일 한 번씩 발라준다.

● 지렁이, 설탕
지렁이 10마리를 3시간 동안 찬물에 담가 흙물을 토하게 한 다음 건져 깨끗하게 씻는다. 이 지렁이를 그릇에 담고 적당량의 설탕을 넣어 골고루 섞는다. 지렁이가 죽으면 2시간마다 한 번씩 부위에 3일간 발라주면 낫는다.

● 달개비
달개비를 50g을 달여 1일 3번 나눠 끼니 전에 3일간 먹이면 급성 이하선염이 낫는다.

어린이 신우신장염이 있을 때

Dr's advice

세균감염으로 에 신우와 신장에 생기는 염증성 질병을 말하는데, 대장균 감염이 가장 많다. 증상은 급성일 때 여러 날 고열이 계속되고 열이 내리면 미열이 계속 남아 있다. 이때 어린아이는 불안해하고 보채면서 잠을 자지 못한다. 또한 입맛 상실, 구역질, 구토 등과 종종 경련도 일어난다. 소변양이 적고 약간의 붓기와 배뇨 때 통증 등이 나타난다. 만성은 특징적인 증상이 없지만, 미열, 권태, 입맛 상실, 두통, 현기증, 빈혈, 여윔 등이 나타난다. 이밖에 가끔 고혈압, 두통, 구토, 빈혈, 붓기 등도 생긴다.

【효과가 있는 약초약재藥草藥材】

● **아욱씨, 패랭이꽃**
붓기가 심할 때 아욱씨 20g과 패랭이꽃 10g을 섞어 만든 가루를 1일 10g씩 물에 달여 3번 나눠 끼니 뒤에 먹이면 효과가 있다.

● **생지황, 황금**
1세 어린이의 고열과 소변니 적을 때 생지황과 황금을 각 8g을 섞어 만든 가루를 1회 4g씩 달여 찌꺼기를 제거하고 1일 4번 나눠 끼니 뒤에 먹이면 된다.

● **도라지잎, 백모근**
소변이 적을 때 도라지잎 15g과 백모근 10g을 섞어 달여 건더기를 건져내고 설탕을 가미해 1일 3번 나눠 먹이면 된다.

● **쇠비름**
소변이 적고 요도염증일 때 쇠비름 35g에 짓찧어 물을 붓고 2시간을 진하게 달여 1일 3번 나눠 먹이면 효과가 좋다.

● **등심초, 댑싸리씨**
소변이 불편하면서 붓고 기침이 날 때 등심초 6g과 댑싸리씨 12g에 물 200㎖를 붓고 달인 다음 1일 2번 나눠 먹이면 된다.

산부인과
질환의 질병

빈발월경이 있을 때

월경주기가 정상적인 예정날짜보다 출혈이 빨리 오는 것을 말한다. 이때는 월경양이 많아지거나 적어질 수도 있다.

【효과가 있는 약초약재藥草藥材】

● 생지황
생지황 90g에 물 900㎖를 붓고 1/2의양으로 진하게 달여 건더기를 건져내고 1일 3번 나눠 끼니 전에 복용하면 좋다.

● 냉초
냉초 12g을 말려 볶아서 만든 가루를 1회 4g씩 하루 3번 나눠 복용하면 효과가 있다.

희발월경이 있을 때

월경주기가 예정날짜보다 출혈이 늦어지는 것을 말한다. 이때는 월경양은 대체적으로 적다.

【효과가 있는 약초약재藥草藥材】

● 산딸기
산딸기를 30g을 1회 10g씩 1일 3번 나눠 물에 진하게 달여 끼니 뒤에 복용하면 좋다.

● 단삼
단삼 21g을 볶아 만든 가루를 1회 7g씩 1일 3번 나눠 따뜻하게 데운 술에 타서 끼니 전에 복용하면 효과가 있다.

● 약쑥, 총백(대파 흰뿌리)
약쑥 30g과 총백(대파 흰뿌리) 3개를 물에 진하게 달인 다음 1일 3번 나눠 끼니 전에 복용하면 된다.

산부인과 질환 동의보감 민간요법

월경과다증이 있을 때

Dr's advice

월경양이 정상치보다 지나치게 많은 것을 말한다. 이때는 월경지속 날짜가 대체적으로 길어진다.

【효과가 있는 약초약재藥草藥材】

● 조뱅이
월경과다증이나 자궁출혈 때 조뱅이 가루 25g과 밀가루 5g을 섞어 1회 10g씩 1일 3번 나눠 끼니 뒤에 복용하면 좋다.

● 측백잎
월경과다가 심할 때 측백잎 15g을 약간 태워 만든 가루를 1회 5g씩 1일 3번 나눠 끼니 뒤에 복용하거나 25g을 달여 1일 2번에 나눠 복용해도 된다.

● 오징어뼈
월경양이 적을 때 오징어뼈 9g으로 만든 가루를 1회 3g씩 1일 3번 나눠 끼니 뒤에 복용하면 효과가 있다.

● 공작고사리
자궁출혈과 월경과다일 때 공작고사리줄기와 잎 30g을 돼지고기 90g과 함께 냄비에 끓여 건더기를 건져내고 복용하면 효과가 좋다.

● 포황

월경과다가 멈추지 않을 때 부들가루 21g을 볶아 만든 가루를 1회 7g씩 1일 3번 나눠 끼니 뒤에 복용하면 좋다.

● 두루미꽃

토혈, 외상출혈, 혈뇨, 월경과다증일 때 두루미꽃 30g을 달여 1일 3번 나눠 복용하면 된다.

● 지유

출혈이 심할 때 말린 지유 250g을 달여 1일 2번 나눠 끼니 전에 복용하면 효과가 좋다.

● 맨드라미꽃

초기증상일 때 말린 맨드라미꽃 12g을 가루로 만들어 1회 6g씩 1일 2번 나눠 끼니 전에 술에 타서 복용하면 된다.

월경 과소증이 있을 때

월경양이 정상치보다 지나치게 적은 것을 말한다. 이때는 월경지속 날짜가 대체적으로 짧아진다. 갱년기여성들에게서 많다.

【효과가 있는 약초약재藥草藥材】

● 익모초

익모초 15g을 진하게 달여 1일 2번 나눠 끼니 뒤에 복용하면 효과가 있다.

● 천궁

천궁 9g을 쌀뜨물에 12시간 담갔다가 불에 말려 만든 가루를 1회 3g씩 1일 3번 나눠 끼니 1시간 전에 물에 타서 복용하면 좋다.

월경곤란증(월경통)이 있을 때

Dr's advice

월경할 때마다 주기적으로 배 통증, 허리 통증, 불쾌감 등의 병적현상을 말한다. 통증은 발작적으로 오거나 지속적으로 온다. 이 통증은 월경이 시작될 때부터 끝날 때까지 또는 가끔 월경이 끝난 후에도 지속된다.

【효과가 있는 약초약재藥草藥材】

● 향부자

향부자 12g을 시루에 5번 이상 쪄서 말린 다음 가루로 만들어 1회 4g씩 1일 3번 나눠 끼니 뒤에 복용하면 된다.

● 향부자, 익모초

향부자와 익모초 각 6g을 볶아 만든 가루를 1회 4g씩 1일 3번 나눠 끼니 뒤에 복용하거나, 향부자 12g과 익모초 10g을 함께 달여 1일 3번 나눠 끼니 뒤에 복용해도 된다.

● 당귀

당귀 20g을 달여 1일 3번 나눠 끼니 뒤에 복용하거나 12g을 볶아 가루로 만들어 1회 4g씩 1일 3번 나눠 복용한다.

● 홍화

밀린 홍화 6g을 볶아 만든 가루를 1회 2g씩 하루 3번 나눠 복용하면 효과가 좋다.

● 익모초, 복숭아씨

익모초 80g과 복숭아씨 30g에 물 1ℓ 를 붓고 1/2의 양으로 진하게 달여 1회 15ml씩 1일 3번 나눠 끼니 뒤에 복용하면 된다.

● 약쑥

말린 약쑥 30g을 1회분으로 달여 건더기를 건져낸 다음 달걀흰자 1개를 잘 풀어 1일 3번 나눠 끼니 전에 복용하면 된다.

● 현호색

손질해 씻은 현호색 6g을 12시간 식초에 담갔다가 건져 말린 다음 볶아서 가루로 만들어 1회 2g씩 1일 3번 나눠 복용하면 된다.

무월경일 때

월경나이임에도 불구하고 월경이 없는 것을 말한다. 원인은 난소와 자궁 또는 내분비계통의 질환이나, 전신질환이 있거나, 정신적 압박이 있을 때 나타난다. 증상은 머리와 허리가 아프고 소화 장애와 정신적 신경장애가 동반되면서 몸이 쇠약해진다. 치료가 되지 않으면 불임이 될 수도 있다.

【효과가 있는 약초약재藥草藥材】

● 삼릉

어혈과 혈액순환이 원활하지 않을 때 삼릉 9g을 가루로 만들어 1회 3g씩 1일 3번 나눠 끼니 뒤에 복용하면 된다.

● 흰봉선화

말린 흰봉선화꽃과 줄기 9g을 볶아 가루로 만들어 1회 3g씩 1일 3번 나눠 술에 타서 복용하면 좋다.

● 익모초

익모초 40g을 달여 1일 3번 나눠 복용하거나, 익모초 200g을 솥에 넣고 달여 건더기를 건져내고 또다시 물엿처럼 졸인 다음 1회 1큰 술씩 1일 3번 나눠 끼니 사이에 복용해도 좋다.

● 복숭아씨, 대황

무월경이나 월경이 적을 때 복숭아씨 10g과 대황 20g을 섞어 곱게 갈아서 밀가루에 반죽해 녹두알 크기의 환으로 만들어 1회 5알씩 1일 3번 나눠 끼니 30분 후에 복용하면 된다.

● 우슬초, 홍화

혈액순환을 원활하게 할 때 우슬초 15g과 홍화 6g을 달여 1일 3번 나눠 끼니 뒤에 복용하면 된다.

● 꼭두서니

무월경이 오래갈 때 꼭두서니 20g을 달여 1일 3번 나눠 끼니 뒤에 복용하면 좋다.

● 당귀

월경불순과 무월경에 배가 아플 때 당귀 9g을 가루로 만들어 꿀과 반죽해 1알을 0.3g짜리 환으로 만들어 1회 15알씩 1일 2번 나눠 따뜻한 물로 끼니사이에 복용하면 효과가 좋다.

자궁부정출혈이 있을 때

【효과가 있는 약초약재藥草藥材】

● 산장근

산장근 20g을 달여 1일 3번 나눠 끼니 뒤에 복용하면 된다.

● 고추뿌리, 닭발

고추뿌리 30g과 닭발 3쌍을 달여 1일 3번 나눠 끼니 뒤에 복용하면 된다.

● 고사리뿌리

고사리뿌리 30g에 물 300㎖를 붓고 1/2의 양으로 달여 1일 3번 나눠 복용하면 된다.

● 포황

포황 21g을 볶아 1회 7g씩 1일 3번 나눠 물에 타서 끼니 전에 복용하거나 꿀에 반죽해 환으로 만들어 1회 7g을 먹으면 된다.

● 목화뿌리

말린 목화뿌리를 25g을 달여 1일 3번 나눠 끼니 뒤에 복용하면 좋다.

● 엉겅퀴

엉겅퀴 25g을 진하게 달여 1일 3번 나눠 복용하면 된다.

● 칡뿌리, 목화씨
칡뿌리 35g과 목화씨 20개를 함께 달여 1일 3번 나눠 끼니 뒤에 복용하면 좋다.

● 냉이
냉이 50g에 물 500㎖을 붓고 진하게 달인 다음 1일 3번 나눠 복용하거나, 냉이꽃 25g을 진하게 달여 복용해도 된다.

● 동백나무꽃과 잎
동백나무꽃과 잎 10g을 진하게 달여 1일 3번에 나눠 복용하면 효과가 있다.

● 생지황, 익모초
생지황과 익모초 각 27g을 섞어 짓찧어 짜낸 즙과 익모초를 짓찧어 짜낸 즙 각 12㎖에 술 6㎖을 붓고 약간 끓인 다음 1일 3번 나눠 복용하면 좋다.

이슬이 있을 때

Dr's advice

여성의 월경 전이나 분만 전에 국부에서 약간 나오는 누르스름한 액체를 말한다. 대하는 여성의 생식기에서 나오는 흰빛 또는 붉은빛의 끈끈한 액체이다. 건강할 때는 분비되는 양이 적고 맑고 묽은 액체이다. 자궁에 세균이나 이물질이 들어갔을 때는 고름이 섞인 붉은 액체가 나온다.

【효과가 있는 약초약재藥草藥材】

● 사상자열매

트리코모나스 질염으로 거품 섞인 흰 이슬일 때 사상자열매 60g에 물 1ℓ 를 붓고 30분간 진하게 끓여 건더기를 건져내고 식힌 다음 질강을 1일 6번 씻어주면 된다.

● 율무뿌리

성기염증으로 아랫배가 아프고 이슬이 많을 때 율무뿌리 50g을 진하게 달여 1일 3번 나눠 복용하면 된다.

● 약쑥, 달걀

붉은 이슬 또는 흰 이슬이 비칠 때 약쑥 18g을 진하게 달인 물에 달걀 2개를 넣고 삶은 다음 달인 물과 함께 7일간 복용하면 효과가 좋다.

● 쇠비름

아랫배가 아프고 이슬이 많을 때 쇠비름 75g을 달여 1회 25ml씩 1일 3번 나눠 복용하면 좋다. 단 설사나 고혈압엔 삼가야 한다.

● 모려, 가죽나무뿌리껍질

자궁내막염으로 이슬이 많을 때 모려 6g과 가죽나무뿌리껍질 12g을 섞어 만든 가루를 꿀에 반죽해 1회 6g씩 1일 3번 나눠 끼니 뒤에 복용하면 된다.

● 익모초

손발이 차고 이슬이 많으면서 월경불순일 때 익모초 21g을 가루로 만들어 1회 7g씩 1일 3번 나눠 끼니 전에 물에 타서 복용하면 효과가 있다.

● 말냉이

자궁내막염으로 인한 이슬일 때 말냉이 30g을 달여 1일 3번 나눠 빈속에 복용하면 된다.

● 익모초

자궁내막염인한 흰 이슬과 붉은 이슬일 때 익모초 100g을 달여 1일 3번 나눠 빈속에 복용한다.

● 할미꽃뿌리

자궁경관염으로 인한 이슬일 때 할미꽃뿌리 900g을 물 4ℓ 에 달여 건더기를 건져내고 또다시 1ℓ 의 양으로 졸여 면봉에 묻혀 질 안에 1일 6시간을 넣어두면 된다. 독성 때문에 사용 양을 주의해야 한다.

● 붉나무, 녹말

염증과 이슬이 있을 때 붉나무를 볶아 만든 가루 20g과 녹말 20g을 섞어 면봉에 묻혀 질 안에 밀어 넣어주면 된다.

● 백부

트리코모나스 질염으로 인한 이슬일 때 백부 90g에 물 1ℓ 를 붓고 500㎖의 양으로 달여 면봉에 묻혀 질강을 1일 3번씩 씻어주면 된다.

질트리코모나스증이 있을 때

【효과가 있는 약초약재藥草藥材】

● 황백(황경피나무껍질), 백출, 아마존
가려움가 작열감 및 부은 질벽일 때 약간 구운 황백(황경피나무껍질) 40g, 아마존 7g, 백출 25g을 섞어 가루로 만들어 1회 8g씩 1일 3번 나눠 끼니 전에 3일간 복용하면 낫는다.

● 사상자열매, 백반
염증이 심할 때 사상자열매 12g과 백반 8g을 섞어 가루로 만들어 수시로 질 벽에 뿌려주면 된다.

● 살구씨
트리코모나스 충을 죽일 때 살구씨를 볶아 가루로 만들어 풀처럼 개어 면봉에 묻혀 질강 안에 24시간 동안 넣어뒀다가 뺀다.

● 할미꽃뿌리

트리코모나스충을 죽일 때 잘게 썬 할미꽃뿌리 900g을 물 4ℓ 에 달여 건더기를 건져내고 또다시 1ℓ 의 양으로 졸여 면봉에 묻혀 질 안에 1일 1회 바꿔 질강에 넣어주면 된다. 독성 때문에 사용 양을 주의해야 한다.

자궁질부미란이 있을 때

자궁과 질의 경계 쪽인 자궁질부 표면의 세포가 상해서 떨어져 없어지는 것을 말한다. 원인은 질 속에 병균이 침입하거나 자궁내막염과 자궁경관의 분비물들이 자궁질부 벽을 자극해 생기며, 임신부들에게서 특히 흔하다. 증상은 찐득찐득한 이슬이 많이 나오고 부정성기출혈이 있으며, 염증이 주위조직에 영향을 미친다.

【효과가 있는 약초약재藥草藥材】

● 구운 백반, 돼지열
염증과 분비물이 나올 때 구운 백반 90g으로 만든 가루를 돼지열을 섞어 풀처럼 개어 말렸다가 보드라운 가루로 만들어 5일마다 한 번씩 자궁질부에 뿌려주면 된다.

● 단국화
염증이 심할 때 단국화 30g을 물에 달여 건더기는 건져내고 또다시 진하게 졸인 다음 면봉에 묻혀 1일 1번 질강 안에 넣어주면 된다.

● 측백잎
염증이 있을 때 측백잎 10g으로 만든 가루를 미음에 타서 1일 3번 나눠 끼니 뒤에 복용하면 낫는다.

● 집작약, 측백잎
염증이 조직과 근육에 퍼지는 것을 예방할 때 노랗게 볶은 집작약 12g과 약간 구운 측백잎 45g을 섞어 가루로 만들어 1회 8g씩 따뜻한 술에 타서 1일 3번 나눠 끼니 전에 복용하면 된다.

자궁경관염이 있을 때

질로 통해 있는 자궁의 돌출된 부위로 작고 두꺼운 벽으로 된 자궁목 관에 생긴 염증을 말한다. 다시 말해 자궁경관안막에 균이 침범해 생긴 염증이다. 원인은 병균감염이 가장 많으며, 이밖에 자궁경의 수술조작과 월경 때 불결한 위생처리로 생긴다. 증상은 이슬이 많으면서 자궁질부가 붉어짐과 동시에 붓고 분비물에서 악취가 난다. 아랫배와 허리에 통증이 오고 성기부정출혈 등도 있다.

【효과가 있는 약초약재藥草藥材】

● 연교
분비물과 염증이 있을 때 말린 연교 10을 물에 달여 1일 3번 나눠 복용하면 낫는다.

● 지유
자궁내막염으로 끈적끈적한 이슬과 아랫배와 허리가 아플 때 지유 180g을 씻어 식초 900mℓ에 넣고 진하게 끓여 1회 60mℓ씩 1일 3번 나눠 끼니 전에 복용하면 된다.

● 형개이삭
자궁경관에 염증과 이슬이 많고 허리가 아프며 출혈이 약간 있을 때 형개이삭 27g을 태워 가루로 만들어 1회 9g을 1일 3번 나눠 끼니 뒤에 복용하면 낫는다.

● 익모초, 약쑥
자궁경관에 염증과 이슬이 많고 허리가 아프며 출혈이 많을 때 익모초와 약쑥 각 12g을 물에 달여 1일 3번 나눠 복용하면 효과가 좋다.

● 조릿대
자궁경관염으로 붉은 이슬과 허리와 아랫배가 아플 때 조릿대 12g을 볶아 가루로 만들어 1회 4g씩 1일 3번 나눠 끼니사이에 복용한다.

산부인과 질환 동의보감 민간요법

불임증이 있을 때

정상적인 성생활임에도 임신이 되지 않는 증상을 말한다. 원인은 남성은 정자 감소증, 무정자증 등이고, 여성은 난관 통과 장애 등이다. 예를 들어 한 번도 임신되지 않는 원발성 불임증과 임신했던 여성이 다시 임신하지 못하는 속발성 불임증이 있다.

【효과가 있는 약초약재藥草藥材】

● 밤나무겨우살이

자궁발육부전이나 냉병으로 인한 불임증일 때 말린 밤나무겨우살이 540g을 볶아 만든 가루를 1회 6g씩 1일 3번 나눠 끼니 뒤에 30일간 복용하면 된다.

● 오미자

균의 침입으로 임신이 안 될 때 오미자 90g에 물 400㎖를 붓고 100㎖의 양으로 진하게 달여 건더기는 건져내고 면봉이나 약솜에 묻혀 질강 안에 넣어주면 된다.

● 자라등딱지

자궁발육부전과 월경 장애로 불임증일 때 자라등딱지를 구워 만든 가루 450g을 1회 10g씩 1일 3번 나눠 복용하면 30일간 복용하면 된다.

● 삼지구엽초, 약쑥

냉이나 성기능이 약해 온 불임증일 때 삼지구엽초와 약쑥 각 900g을 물에 진하게 달여 건더기를 건져내고 또다시 물엿처럼 졸여 1회 10g씩 1일 3번 나눠 30일간 끼니 전에 복용하면 효과가 있다.

● 당귀, 홍화
월경 장애로 온 불임증일 때 잘게 썬 당귀 50g과 홍화 10g을 술(25%) 1.5ℓ 에 30일간 담갔다가 건더기를 건져내고 1회 6mℓ씩 1일 3번 나눠 80일간 끼니 뒤에 복용하면 된다.

● 냉초
냉으로 불임증일 때 잘게 썬 냉초 2kg에 물 6ℓ 를 붓고 달여서 건더기를 건져 내고 또다시 물엿처럼 졸여 1회 15g씩 1일 3번 나눠 끼니 뒤에 장복하면 된다.

● 잠자리
냉으로 아랫배와 손발이 차면서 임신이 되지 않을 때 잠자리의 날개와 꽁지를 제거하고 약한 불에 볶아 가루를 만들어 1회 3g씩 술에 타서 30일간 먹으면 효과가 있다.

● 익모초, 인진쑥
냉으로 불임일 때 잘게 썬 익모초와 인진쑥 각 1kg에 물 1.5ℓ 를 붓고 달여 건더기를 건져내고 또다시 물엿처럼 졸여 1회 15g씩 1일 3번 나눠 끼니 뒤에 30일 간 복용하면 좋다.

● 생지황

월경 장애와 이슬이 많아 임신이 안 될 때 생지황 30g을 물에 달여 1일 2번 나눠 끼니사이에 30일간 복용하면 된다.

냉병이 있을 때

【효과가 있는 약초약재藥草藥材】

● 생강, 설탕
몸이 냉할 때 생강 25g과 설탕 500g에 소주(25%) 1ℓ에 붓고 30일간 응달에
보관했다가 1일 5회 이상 나눠 복용하면 된다.

● 지황
손발이 냉할 때 말린 지황
20g을 꿀 80g에 7일간 재웠
다가 1회 1큰 술 1일 3번 나눠
끼니사이에 나눠 먹으면 효과
가 좋다.

● 향부자
여성 냉·대하일 때 닭 내장
을 제거하고 향부자 20g을 넣
어 진하게 달인 다음 1일 5회
이상 나눠 복용하면 효과가
있다.

● 냉초
몸이 찰 때 냉초 15g을 물 180㎖에 달여 1일 3번 나눠 끼니 뒤에 나눠 먹어도
좋다.

● 냉초, 익모초, 까마중

다양한 원인의 냉증에는 냉초, 익모초, 까마중 각 15g을 섞어 물에 달여 건더기를 건져내고 또다시 물엿처럼 졸여 팥알크기의 알약으로 만들어 1회 5알씩 1일 3번 나눠 끼니사이에 나눠 복용하면 좋다.

● 삼릉

어혈로 냉증이 있을 때 삼릉 25g을 물에 달여 1일 2번 아침저녁 끼니 전에 복용하면 된다.

● 삼지구엽초

냉병으로 월경불순, 성기능 저하로 불임일 때 잘게 썬 삼지구엽초 60g에 소주 (25%) 1잔을 넣고 짓찧어 짜낸 즙을 끼니 전에 복용하면 좋다.

● 집작약, 건강

임산부의 손발과 배가 찰 때 볶은 집작약 25g과 볶은 건강 5g을 섞어 만든 가루를 1회 4g씩 1일 2번 나눠 미음에 타서 장복하면 효과가 좋다.

● 익모초

아랫배가 차가울 때 익모초 20g을 물에 달여 건더기를 건져내고 또다시 진하게 졸여 팥알 크기로 환으로 만들어 1회 10알씩 1일 3번 나눠 끼니사이에 나눠 복용하면 된다.

습관성 유산이 있을 때

임신했다가 3번 이상 반복해서 유산되는 상황을 말한다. 원인으로는 자궁이 작거나, 자궁경관이 찢어졌거나, 닫히는 힘이 모자라거나, 자궁이 전후로 구부러졌거나, 신장질병과 고혈압 등이다. 증상초기는 임신 중 출혈이 약간 나고 심해지면 아랫배와 허리가 아프면서 많은 출혈이 나오면서 유산에 이른다.

【효과가 있는 약초약재藥草藥材】

● 향부자, 차조기잎

유산의 염려가 있을 때 향부자 10g과 차조기잎 22g을 물에 달여 1일 2번 나눠 끼니사이에 복용하면 된다.

● 속단, 두충

습관성 유산과 유산 직전일 때 속단과 두충 각 12g을 볶아 만든 가루를 졸인 꿀에 반죽해 환으로 제조해 1회 8g씩 1일 3번 나눠 끼니 뒤에 복용하면 된다.

● 속단, 황금

유산이 시작되려고 할 때 속단과 황금 각 9g을 물에 달여 1일 3번 나눠 끼니 뒤에 복용하면 효과가 좋다.

● 두충, 속단, 마

유산의 위험이 있을 때 두충과 속단 각 15g, 마 9g을 섞어 만든 가루를 꿀로 반죽해 환으로 제조해 1회 8g씩 1일 3번 나눠 끼니 뒤에 복용하면 좋다.

산부인과 질환 동의보감 민간요법

● 아교

태동이 심해 유산기가 있을 때 아교 24g을 콩알만 하게 썰어 불에 볶아 만든 가루를 1회 8g씩 1일 3번 나눠 복용하면 효과가 있다.

● 아교, 약쑥, 총백(대파 흰뿌리)

허약체질과 냉병으로 유산기가 있을 때 아교와 약쑥 각 16g과 총백 1뿌리를 섞어 물에 달여 1일 2번 나눠 복용하면 된다.

● 호박덩굴

습관성 유산일 때 말린 호박덩굴을 볶아 가루로 만들어 임신 2~9달까지 매일 1큰 술씩 복용하면 좋다.

● 단너삼, 천궁, 쌀

자궁경부가 약해서 임신이 어려울 때 단너삼과 천궁 각 7g으로 만든 거친 가루로 달인 물에 쌀을 넣어 죽을 복용하면 효과가 있다.

모유부족증이 있을 때

Dr's advice

출산 후 젖이 나오지 않거나 양이 매우 적어 갓난아이에게 모유를 제대로 먹이지 못하는 경우를 말한다. 원인은 다양하지만, 대체적으로 젖이 잘 나오다가 메마르는 경우는 갓난아이의 젖 빠는 힘이 부족하거나, 젖을 불규칙적으로 먹일 때이다.

【효과가 있는 약초약재藥草藥材】

● 목통, 돼지발쪽
모유가 잘 나오지 않을 때 목통 10g에 물 1.2ℓ 를 붓고 달이다가 돼지족발 3개를 넣고 6시간 동안 삶은 물을 1회 200㎖씩 1일 2번 나눠 끼니 뒤에 복용하면 효과가 있다.

● 상추씨, 찹쌀, 감초
젖이 적게 나올 때 상추씨와 찹쌀 각 40g을 볶아 만든 가루에 물 한 사발과 감초가루 1g을 가미해 끓여서 복용하면 된다.

● 돼지족발죽
젖이 많이 부족할 때 돼지족발을 푹 삶은 물에 찹쌀을 넣어 죽을 쒀 복용하면 효과가 있다.

● 수세미외덩굴
젖앓이를 할 때 수세미외덩굴 12g을 태워 만든 가루를 1회 4g씩 3일간 복용하면 좋다.

● 마인(삼씨)
혈액순환이 어려워 젖이 적을 때 마인 30g을 짓찧어 물에 달여 1회 10㎖씩 1일 3번 나눠 복용하면 효과가 있다.

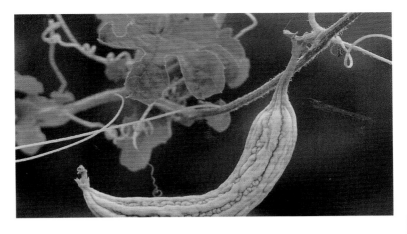

● 절국대(음행초)뿌리
젖이 나오지 않을 때 절국대(음행초)뿌리 15g을 물에 달여 1일 3번 나눠 복용하면 좋다.

● 장구채씨
젖이 나오지 않을 때 장구채씨 9g을 볶아 가루로 만들어 1회 3g씩 1일 3번 나눠 끼니사이에 복용하면 된다.

● 별꽃
젖이 부족할 때 별꽃 50g을 물에 달여 1일 3번 나눠 복용하거나, 별꽃 70g을 볶아 가루로 만들어 식초로 반죽해 3g의 환으로 만들어 1회 2알씩 1일 3번 나눠 복용해도 좋다.

● 회향열매
젖이 원활하게 나오지 않을 때 회향열매 10g에 물 100㎖를 붓고 50㎖의 양으로 달여 1일 3번 나눠 복용하면 해결된다.

● 잉어
젖이 부족할 때 잉어 1마리를 손질해 된장국을 끓여 먹거나 죽에 넣어 복용하면 효과가 있다.

모유많음증이 있을 때

출산 후 젖이 너무 많아져 갓난아이가 충분히 먹고도 남을 정도로 계속 분비되는 것을 말한다. 이럴 경우는 산모가 쇠약해지거나 젖을 제때 짜내지 못하면 유방에 통증이 생기면서 몸살까지 겪게 된다.

【효과가 있는 약초약재藥草藥材】

● 엿기름
엿기름 40g을 볶아 물에 달여 3번 나눠 끼니 뒤에 복용하면 효과가 있다.

● 칡뿌리
칡뿌리 20g에 물 230㎖를 붓고 진하게 달인 다음 1일 3번 나눠 끼니 뒤에 복용하면 된다.

● 호박씨
호박씨껍데기를 벗긴 속씨살 200g에 물 200㎖를 붓고 달인 다음 1일 3번 나눠 끼니 사이에 복용하면 좋다.

입덧이 있을 때

Dr's advice

임신한 기간이 2~3개월이 되었을 때 구역질과 입맛이 떨어지면서 몸이 쇠약
해지는 증세를 말한다.

【효과가 있는 약초약재藥草藥材】

● 잉어, 백반
잉어 뱃속을 제거하고 백반 1g을 넣고 물을 부어 진하게 달여 연속적으로 3마
리를 복용하면 좋다.

● 반하, 복룡간
구토가 있을 때 반하 8g과 복룡간 18g에 물 450㎖를 넣고 달여 1일 3번 나눠
끼니 전에 복용하면 효과가 있다.

● 반하, 소회향
잦은 구토와 입맛 상실에 반하 12g을 물에 달이면서 소회향 10g을 다시 넣고
달인 다음 1일 2번 나눠 복용하면 된다.

● 향부자, 방아풀, 감초
메스꺼움과 구토가 심할 때 향부자 8g, 방아풀 18g, 감초 8g을 물에 달여 1일 3
번 나눠 끼니사이에 나눠 복용하면 좋다.

● 반하, 생강
메스꺼움이 심할 때 반하와 생강을 각 10g을 물에 달여 1일 3번 나눠 끼니사이
에 복용하면 된다.

● 복령, 생강, 반하
입덧이 심할 때 복령, 반하 각 12g과 생강 8g을 섞어 물 350㎖를 붓고 1/2의 양
으로 달여 1일 2번 나눠 복용하면 된다.

젖앓이가 있을 때

【효과가 있는 약초약재藥草藥材】

● 선인장
유방이 딴딴하면서 벌겋게 부어오를 때 가시를 제거한 선인장 30g을 짓찧어 1일 4번 붙여주면 된다.

● 민들레
유방이 벌겋고 통증이 있을 때 민들에 30g을 짓찧어 짜낸 즙에 소주 20㎖를 섞어 1일 2번 나눠 끼니 뒤에 복용하고 건더기는 유방에 붙여주면 된다.

● 마늘, 대파
유두가 곪고 통증이 있을 때 마늘과 대파 각 15g을 함께 짓찧어 부위에 1일 5회 붙여주면 효과가 있다.

● 무릇
젖앓이로 염증이 생겼을 때 무릇 7g을 물에 달여 1일 3번 복용하거나 짓찧어 부위에 찜질해주면 효과가 좋다.

● 마
유방이 붓고 멍울이 있을 때 마 20g을 짓찧어 짜낸 생즙을 부위에 붙이면 낫는다.

● 솜방망이
젖앓이가 심할 때 솜방망이 30g을 짓찧어 부위에 1일 한 번씩 붙여주면 효과가 좋다.

● 감자
유방에 젖앓이로 곪았을 때 싹이 난 감자를 강판에 갈아 부위에 1일 5번 붙여주면 된다.

● 누에
젖앓이로 유방이 딴딴할 때 누에 30g을 볶아 만든 가루를 식초로 반죽해 1일 4번 부위에 붙여주면 낫는다.

음부가려움증이 있을 때

【효과가 있는 약초약재藥草藥材】

● 도꼬마리

세균침입으로 가려울 때 도꼬마리 30g을 물 100㎖로 달여 건더기를 건져내고 달인 물을 45℃정도로 데워 1일 6번 음부를 세척하면 된다.

● 너삼

질트리코모나스증으로 가려움이 왔을 때 너삼 20g을 물 100㎖로 달여 건더기를 건져내고 달인 물로 음부를 세척하면 된다.

● 소리쟁이뿌리

심한 가려움일 때 소리쟁이뿌리 40g을 물 400㎖에 달여 건거기를 건져내고 달인 물로 음부를 1일 6회 이상 세척하면 낫는다.

산부인과 질환 동의보감 민간요법

● 붉나무

염증과 습진으로 가려움이 왔을 때 붉나무 40g을 물 400㎖에 달여 건더기를
건져내고 달인 물로 음부를 1일 5회 세척하면 된다.

● 유황

가려움증과 습진이 생겼을 때 유황 20g을 가루로 만들어 1일 3번 음부에 직접
뿌려주면 좋다.

● 사상자열매

질트리코모나스증으로 음부가 몹시 가려울 때 사상자열매 40g을 400㎖에 달
여 건더기를 건져내고 달인 물로 음부를 1일 5회 세척해주면 효과가 좋다.

● 황백(황경피나무껍질), 감초

자궁염증으로 습진과 가려움이 있을 때 황백과 감초 각 15g을 물 400㎖에 달여
건더기를 건져내고 달인 물로 1일 6회 음부를 세척하면 된다.

● 백반, 삼씨

음부의 각종 균을 죽일 때 백반과 삼씨 각 15g을 볶아 만든 가루를 돼지기름으
로 개어 1일 한 번씩 7일간 음부에 발라주
면 피부까지 깨끗해진다.

자궁탈출증이 있을 때

【효과가 있는 약초약재藥草藥材】

● 승마

승마 25g을 물 250㎖에 달여 1일 2번 나눠 20일간 복용하면 효과가 있다.

● 백반

백반을 구워 가루로 만들어 1회 6g씩 탈출된 자궁체와 궁륭부에 4일에 1번씩 뿌린 다음 손으로 밀어 넣는다.

● 문어알

문어알을 볶아 만든 가루를 1회 3g씩 1일 3번 나눠 끼니 뒤에 복용하면 효과가 있다.

● 너구리기름, 달걀

너구리기름 20g을 프라이팬에 붓고 달걀 6개를 깨 넣어 충분히 볶아서 복용하면 좋다.

● 목화뿌리, 탱자

목화뿌리 25g과 탱자 13g을 물 350㎖에 달여 1일 3번 나눠 빈속에 복용하면 효과가 좋다.

산부인과 질환 동의보감 민간요법

자간이 있을 때

【효과가 있는 약초약재藥草藥材】

● 울금, 백강잠(흰가루병누에)
경련발작이 일어날 때 울금 8g과 백강잠 4g을 함께 볶아 만든 가루를 1회 4g씩 1일 3번 나눠 끼니 뒤에 복용하면 효과가 좋다.

● 길초근(쥐오줌풀), 귤껍질
경련발작이 일어날 때 길초근 12g, 귤껍질 2g을 물에 달여 1일 3번 나눠 끼니 뒤에 복용하면 멎는다.

● 소열(또는 돼지열)
말린 소열을 가루로 만들어 1회 1g씩 빈속에 복용하면 효과가 좋다.

산부인과 질환 동의 보감 민간요법

산후출혈이 있을 때

【효과가 있는 약초약재藥草藥材】

● 측백잎
출산 후 출혈이 있을 때 측백잎을 까맣게 태운 것 30g을 물 200㎖로 달여 1일 3번 나눠 끼니사이에 나눠 복용하면 된다.

● 포황
출산 후 출혈이 많을 때 포황 3g을 물에 타서 1일 3번 나눠 3일간 계속 복용하면 효과가 좋다.

● 익모초
출산 후 출혈이 심할 때 익모초 12g을 물 150㎖로 달여 1일 3번 나눠 복용하면 효과가 매우 좋다.

● 붉은 맨드라미
출산 후 출혈이 멎지 않을 때 붉은 맨드라미 30g을 물 200㎖로 달여 1일 3번 나눠 끼니 뒤에 나눠 복용하면 좋다.

● 연꽃잎
출산 후 많은 출혈로 빈혈이 왔을 때 마른 연꽃잎 20g을 태운 재를 비벼서 보드랍게 가루로 만들어 1회 4g씩 1일 3번 나눠 따뜻한 술에 타서 복용하면 해결된다.

산후열이 있을 때

출산이나 유산 뒤 여성의 생식기관에 생긴 상처에 세균이 감염되어 고열을 일으키는 병을 말한다. 임상적으로는 분만 직후 24시간을 제외하고 10일간 1일 4회 이상 체온을 확인해 그중 2일간 계속해 38℃도를 넘었을 때 산후열로 간주한다.

【효과가 있는 약초약재藥草藥材】

● 멧돼지열(또는 고슴도치열이나 오소리열)

출산 후 병균감염으로 고열이 있을 때 말린 멧돼지열 0.7g을 소주(30%) 한잔에 타 마신 후 땀을 약간 내면 해결된다.

● 감

출산 후 한기와 팔다리 머리가 아플 때 서리 맞은 감을 1회 3개 1일 3번 나눠 복용하면 효과가 좋다.

● 형개

출산 후 고열과 함께 온몸에 통증이 날 때 형개를 볶아 만든 가루를 1회 1큰 술씩 1일 3번 나눠 끼니사이에 나눠 복용하면 좋다.

● 말벌집

출산 후 고열과 두통이 왔을 때 말벌집 25g을 물에 달여 1일 3번 나눠 복용하면 효과가 좋다.

산후부종이 있을 때

출산 후 며칠 동안 전신이 붓는 증상을 말한다.

【효과가 있는 약초약재藥草藥材】

● 방기, 쉽사리
출산 후 전신부종일 때 방기와 쉽사리 각 18g을 함께 섞어 1회 12g을 물에 달여
1일 3번 나눠 끼니사이에 나눠 복용하면 좋다.

● 잉어
출산 후 붓기가 있을 때 잉어 한 마리에서 쓸개만 제거하고 나머지를 솥에 담아
물을 부어 국을 끓여 한 번에 복용하면 효과가 있다.

● 늙은 호박
출산 후 붓기를 내릴 때 늙은 호박 1개를 삶아 짠 즙을 수시로 마시면 좋다.

● 아욱씨
출산 후 붓기가 심하지 않을 때 아욱씨 30g을 볶아 만든 가루를 소주(25%) 1ℓ
에 타서 1회 30㎖씩 복용하면 된다.

● 도라지, 가물치
출산 후 소변이 불편하고 붓기가 있을 때 도라지 15g과 가물치 1마리로 국을 끓
여 복용하면 효과가 좋다.

● 위령선(찔빵위령선)
임신부 붓기에 위령선 15g을 물에 달여 1일 3번 나눠 복용하거나, 위령선 15g
을 볶아 가루로 만들어 꿀에 개어 환으로 제조해 1회 5g씩 1일 3번 나눠 복용해
도 된다.

산후기침(산후해수)이 있을 때

Dr's advice

출산 후 기침을 심하게 하는 증상을 말한다.

【효과가 있는 약초약재藥草藥材】

● 두부, 꿀
출산 후 숨이 차고 기침이 날 때 두부 1모와 꿀 2순가락을 함께 넣고 국을 끓인
다음 복용하면 효과가 있다.

● 마가목열매
출산 후 기침과 숨이 가쁠 때 마가목열매 15g을 물에 달여 1일 3번 나눠 끼니
뒤에 나눠 복용하면 효과가 좋다.

● 오미자
출산 후 허약, 산후 마른기침 등일 때 오미자 15g을 1회 5g씩 1일 3번 나눠 뜨
거운 물로 우려내 차처럼 마시면 좋다.

● 관동꽃
출산 후 숨이 차고 마른기침이 날 때 관동꽃 12g을 꿀물로 달인 다음 1일 3번
나눠 끼니 뒤에 나눠 복용하면 된다.

● 무씨
출산 후 기침이 심할 때 무씨 36g을 볶아 가루로 만들어 1회 12g씩 1일 3번 나
눠 꿀물에 타 끼니 전에 나눠 복용하면 좋다.

● 배, 꿀
출산 후 특별한 원인 없이 심한 기침이 날 때 배 1/4(뚜껑)을 잘라 3/4(몸쪽)쪽
의 뱃속을 파내고 그곳에 꿀을 넣는다. 그 다음 배 뚜껑을 덮고 찜통에 넣어 찐
다음 익은 배를 약수건으로 짜낸 엑기스를 수시로 복용하면 낫는다.

갱년기장애가 있을 때

사람이 장년기서 노년기로 전환되는 시기를 갱년기라고 한다. 보통 40세에서 50세 무렵까지 신체기능이나 대사 작용에 장애가 발생하게 된다. 여성은 폐경에 이르고 여성 호르몬이 감소되는 신체적 변화와 불안과 우울증 등을 겪게 된다. 남성은 성욕의 감퇴가 있지만, 다른 증상은 없다.

【효과가 있는 약초약재藥草藥材】

● 칡뿌리, 차조기잎

고열, 현기증, 두통이 왔을 때 칡뿌리와 차조기잎 각 10g을 물에 달여 1일 2번 나눠 10일간 끼니 뒤에 복용하면 낫는다.

● 복숭아씨, 잣, 욱리인

기침과 변비, 동맥경화일 때 복숭아씨, 잣, 욱리인 각 4g을 짓찧어 낸 즙에 쌀가루를 넣고 죽을 수어 1호 6g씩 1일 2번 나눠 복용하면 효과가 있다.

● 형개이삭

전신이이 저리고 힘줄과 뼈마디가 쑤시며 현기증이 있을 때 형개이삭 20g을 약간만 볶아 만든 가루를 1회 10g씩 1일 2번 나눠 술에 타서 복용하면 좋다.

● 칡뿌리

헛구역질과 두통, 정신신경 장애가 있을 때 칡뿌리 700g을 짓찧어 낸 즙을 1회 12㎖씩 끼니 뒤에 장복하면 된다.

산후복통이 있을 때

출산 후부터 7일간 자궁근육이 수축되면서 진통이 나타나 아랫배가 아픈 것을 말한다. 통증이 심할 경우 땀을 흘리고 몹시 괴로우며 잠까지 설치게 된다.

【효과가 있는 약초약재藥草藥材】

● 현호색

출산 후 배아픔과 월경통 및 다양한 통증일 때 현호색 12g을 볶아 만든 가루를 1회 4g씩 1일 3번 나눠 복용하면 효과가 있다.

● 익모초, 술

출산 후 배가 아플 때 익모초 15g을 짓찧어 짠 즙을 술에 타 1일 3번 나눠 복용하면 좋다.

● 작약, 감초

출산 후 심한 배 아픔일 때 작약 14g과 감초 9g을 물에 달여 1일 3번 나눠 복용하면 된다.

● 당귀

출산 후 가벼운 배 아픔일 때 당귀 4g을 가루로 만들어 물에 달여 1일 3번 나눠 끼니 뒤에 복용하면 좋다.

산부인과 질환 동의보감 민간요법

산후증이 있을 때

출산 후나 유산 뒤에 식물신경 기능장애로 다양한 증상이 나타나는 전신증후군을 말한다. 원인은 출산할 때 출혈이 심하거나 찬물에 몸을 적셔 냉해졌기 때문이다. 증상은 몸이 으스스 춥고 전신에 열이 났다가 식었다 하면서 식은땀이 흐르며, 손발과 등이 시리다.

【효과가 있는 약초약재藥草藥材】

● 강활

산후증으로 전신이 으스스 추울 때 잘게 썬 강활 36g을 1일 12g씩 물에 달여 3번 나눠 끼니 뒤에 복용하면 된다.

● 호두알, 인삼

산후증으로 식은땀과 숨이 찰 때 호두알과 인삼 각 15g을 물에 달여 1일 3번 나눠 빈속에 복용하면 효과가 있다.

● 생강나무줄기

산후증으로 찬물과 바람이 싫고 두통과 식은땀이 날 때 잘게 썬 생강나무줄기 60g을 물에 달여 1일 3번 나눠 7일간 복용하면 좋다.

● 단너삼

산후증으로 나른하고 바람이 싫으며 식은땀이 날 때 단너삼 20g을 물에 달여 1일 2번 나눠 끼니 뒤에 복용하면 효과가 좋다.

● 형개, 방풍
잔등과 허리가 시리면서 고열과 통증이 심할 때 잘게 썬 형개와 발풍 각 15g을 물에 달여 1일 3번에 나눠 끼니 뒤에 복용하면 낫는다.

● 메추리알
일반적인 산후증엔 생 매추리알을 1회 5알씩 1일 3번 나눠 3주간 끼니사이에 복용하면 된다.

● 모려, 밀기울
산후증으로 식은땀이 많이 날 때 모려와 밀기울 각 3g을 함께 볶아 가루로 만들어 1회 6g씩 돼지고기국과 같이 복용하면 된다.

● 멧돼지열, 천남성
으슬으슬 춥고 허리, 잔등, 허리에 통증이 있을 때 말린 돼지열 1g과 법제한 천남성을 볶아 만든 가루 11g을 섞어 졸인 꿀로 반죽해 환으로 제조해 1회 3g씩 소주(25) 40mℓ에 풀어 4일간 복용하면 된다.

● 해삼, 닭
몸이 나른하고 식은땀이 나면서 바람이 싫을 때 닭 1마리의 내장을 제거하고 해삼 60g을 넣어 완전히 녹도록 달여 양념을 가미해 복용하면 효과가 좋다.